UNESCO GEOPARK

Guide to Xixia Scenic Spot of Funiu Mountains World Geopark, China

中国伏牛山世界地质公园西峡园区

导游手册

黄河水利出版社

图书在版编目（CIP）数据

中国伏牛山世界地质公园西峡园区导游手册/吴梅，王德有主编.—郑州：黄河水利出版社，2009.5

ISBN 978-7-80734-595-4

Ⅰ.中… Ⅱ.①吴… ②王… Ⅲ. 地质-国家公园-旅游指南-河南省 Ⅳ.S759.93

中国版本图书馆CIP数据核字（2009）第050657号

组稿编辑：王路平　　电话：0371-66022212　　E-mail:hhslwlp@126.com

出 版 社：黄河水利出版社

地址：河南省郑州市顺河路黄委会综合楼14层　　邮政编码：450003

发行单位：黄河水利出版社

发行部电话：0371-66026940、66020550　　传真：0371-66022620

E-mail:hhslcbs@126.com

承印单位：河南省瑞光印务股份有限公司

开本：890mm×1 240mm　1/32

印张：3.75

字数：140千字　　印数：1—3 100

版次：2009年5月第1版　　印次：2009年5月第1次印刷

定价：20.00元

中国伏牛山世界地质公园西峡园区导游手册

Guide to Xixia Scenic Spot of Funiu Mountains World Geopark, China

编委会

主　　任　杨炳旭　张生起
副 主 任　赵广东　白振国　田新建　何耀航
委　　员　张成立　杨海韬　方　成　阎荣浩　庞丰久　李　瑜　孙中喜
委员单位　中国西峡恐龙遗迹园　西峡龙潭沟风景区　伏牛山大峡谷耍孩关森林生态旅游区
　　　　　伏牛山老界岭旅游度假风景区　中原第一漂旅游集团　五道礓自然生态风景区
　　　　　云华蝙蝠洞景区
主　　编　吴　梅　王德有
副 主 编　符光宏　赵小剑　李国旺
撰　　文　符光宏　王德有
英文译文　吴　梅　王德有
摄　　影　朱世刚　等

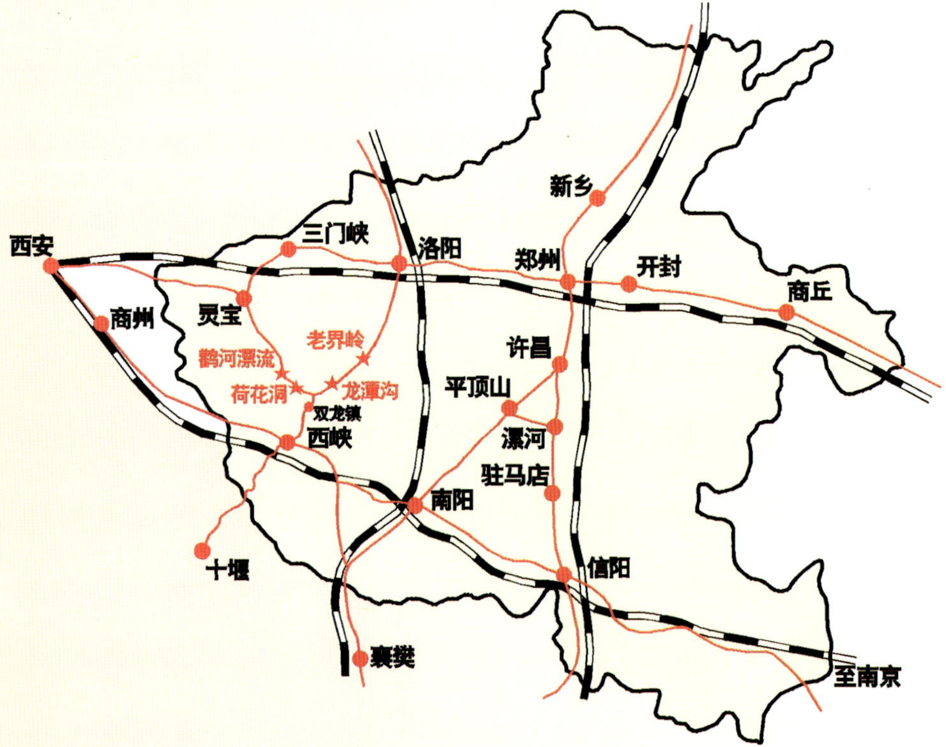

中国伏牛山世界地质公园西峡园区区位图

中国伏牛山世界地质公园西峡园区，位于河南省西南部南阳市辖区内的西峡县境内，其地理坐标：东经110°49′38″～111°59′44″；北纬33°07′21″～33°43′29″。总面积954.35平方公里，主要地质遗迹保护面积338平方公里。

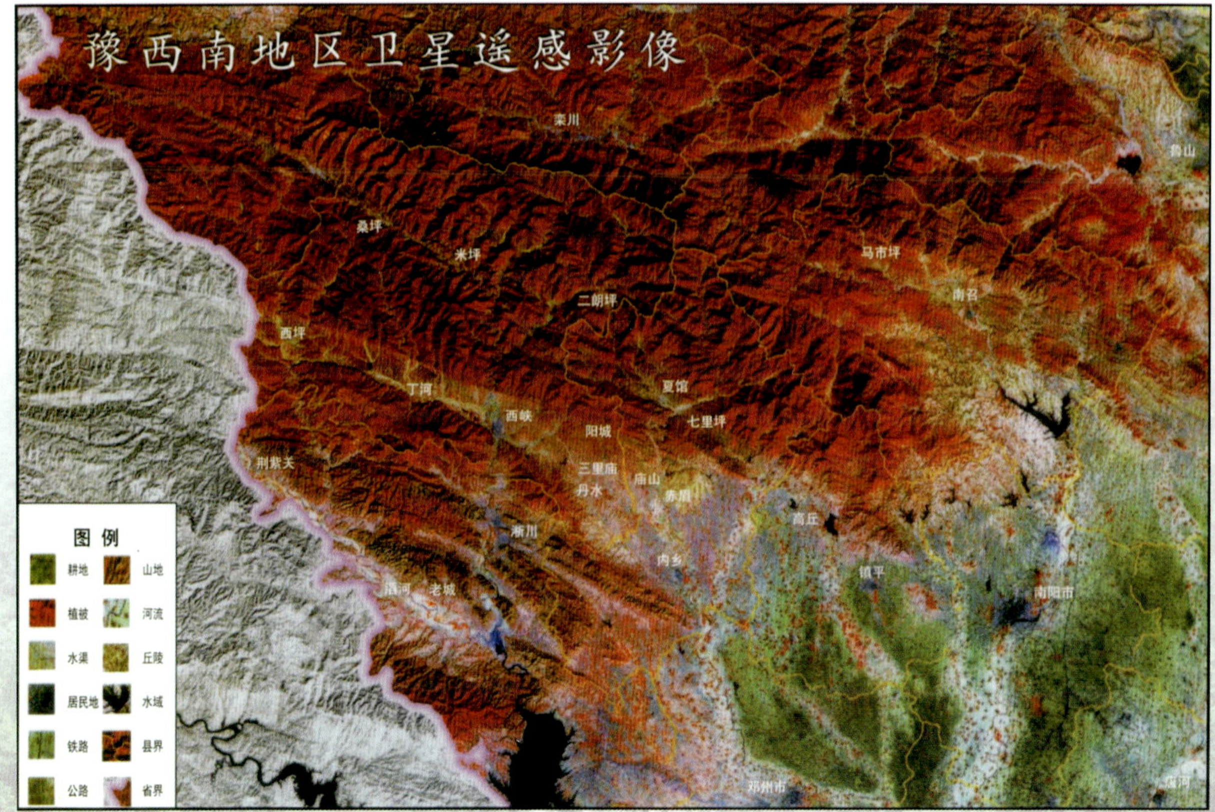
豫西南地区卫星遥感影像
栾川
鲁山
桑坪
米坪
马市坪
南召
二朗坪
西坪
丁河
夏馆
西峡
七里坪
阳城
荆紫关
三里庙
丹水
庙山
赤眉
高丘
淅川
内乡
镇平
南阳市
唐河
老城
图例
耕地
山地
植被
河流
水渠
丘陵
居民地
水域
铁路
县界
公路
省界

中国伏牛山世界地质公园西峡园区导游图

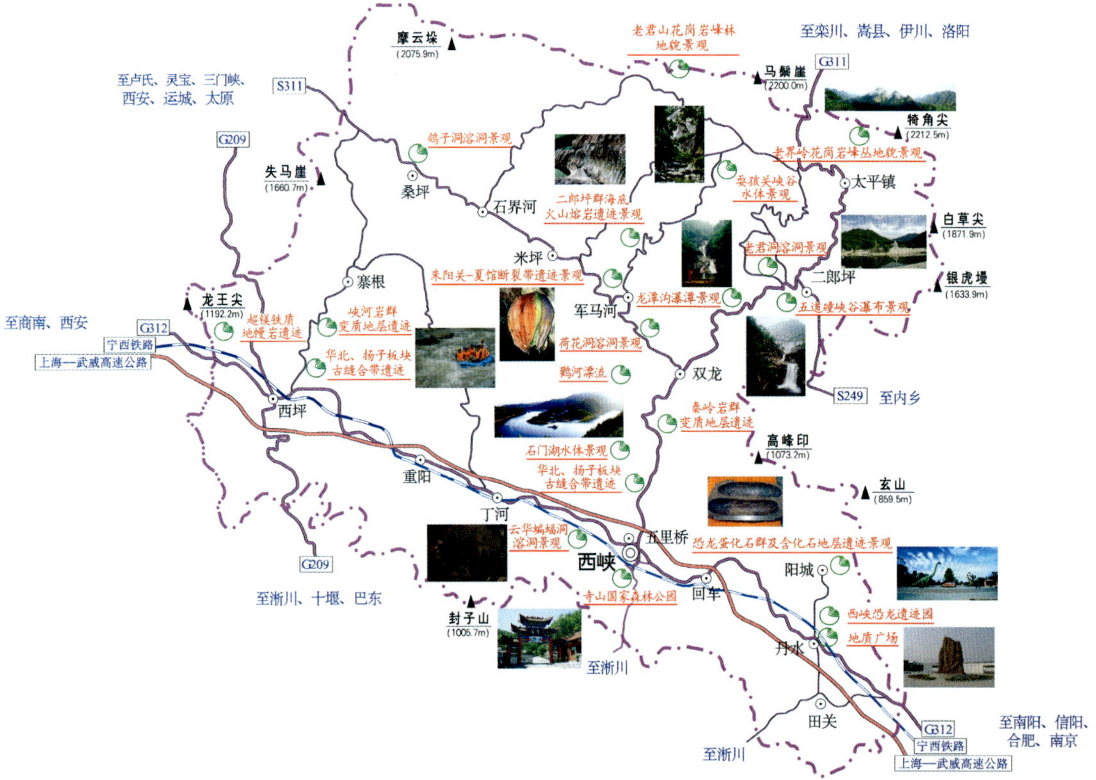

中原大地的璀璨明珠——中国伏牛山世界地质公园西峡园区

巍巍八百里伏牛，峰岳连绵、雄伟俊秀，是中国南北地质、地理的天然分界，是气候、生物的过渡带，是长江、黄河、淮河流域的分水岭。西峡园区位于伏牛山南麓，地理坐标：东经110°49′38″~111°59′44″；北纬33°07′21″~33°43′29″。属典型地质剖面、古生物化石景观，地质地貌景观，水体景观与自然生态和谐共存的复合型地质公园。

西峡园区占据中国中央造山带的重要构造部位，园内典型稀有、系统完整、自然优美的地质遗迹，记录着25亿年造山带构造演化、恐龙衰亡灭绝及伏牛山沧桑变迁的历史。

距今25亿~10亿年间，是造山带的前造山期，造山带基底形成，华北与扬子板块间隔着浩瀚的古秦岭洋。距今10亿~2.4亿年的主造山期，扬子板块携秦岭微板块向华北板块会聚、俯冲、碰撞、拼合（园区西官庄至阳城一线为古缝合带），其间的古秦岭洋消失，华北、扬子板块合为一体。2.4亿年来，造山带进入伸展抬升的后造山期，伏牛山与造山带一起，在抬升中被风化剥蚀为今日面貌。故，西峡园区是展示古板块构造运动和复合型大陆造山带的“地质档案馆”，是地学科学研究和科普教育的基地。

距今1亿年前后，沿断裂带形成的山间盆地，成为恐龙活动的场所。园区内，著名的“西峡盆地”中已发现8科11属15种2个比较种6个未定种恐龙蛋化石，其中的西峡巨型长形蛋和戈壁棱柱形蛋为世界上独有或稀有类型。化石群分布之广、数量之大、类型之多样、保存之完美，以及蛋化石与恐龙骨骼、恐龙脚印化石共存，成对的蛋化石呈放射状排列，90枚蛋化石共居一室等珍稀产出特征，堪称世界之最。“西峡盆地”是研究恐龙生存环境、生物演化及恐龙蛋化石群合理保护的示范园。

园区内，由造山作用形成的各类花岗岩，经构造剥蚀和流水侵蚀，被雕凿成群山耸峙、峰林凌空、层峦叠嶂、峡谷纵横、涧壑深邃、潭幽溪清的地貌景观。

雨量充沛、气候湿润、山高水长的园区植被发育，水土涵养良好，至今保持原始的自然生态和如画的水体景观。鳞次栉比的崇山峻岭，林海苍莽、峰峦叠翠、古树参天、泉悬瀑垂，珍禽异兽、碧潭秀水，处处呈现出气象万千、云蒸霞蔚的旖旎风光。

山花翠竹环绕的村镇，潺潺溪水、层层梯田、莺歌燕舞、瓦屋炊烟，到处是令人陶醉的世外桃源。

西峡县山川秀美，物产丰富，人杰地灵，自然纯朴。西峡人民和世界地质公园欢迎您的光临。

Resplendent bright pearl of the Central Plains land—Xixia Scenic Spot of Funiu Mountains World Geopark,China

The towering 400 kilometres Funiu Mountains is the natural boundary on geology and geography, the transitional belts of climate and living things between the north and the south of China, and the topographic divide among Changjiang, Huanghe and Huaihe Rivers. Xixia Scenic Spot is located at the southern foot of Funiu Mountains, its geographical coordinates: 110°49′38″ ~ 110°59′44″ E; 33°07′21″ ~ 33°43′29″ N. It belongs to the composite-type geopark coexisting harmoniously with the typical geological sections, palaeontological fossil landscapes, geologic geomorphological landscapes, water landscape and natural ecology.

Xixia Scenic Spot has occupied the important tectonic position of the Central Orogenic Belt in China. In geopark, typical, rare, complete and beautiful geological heritages have recorded the history of the structural evolution of orogenetic belt, the decline and fall and extinction of dinosaurs and the great changes of Funiu Mountains during 2500 million years.

During the preorogenic stage of 2500 ~ 1000 million years ago, the base of the orogenic belt was formed, the North China plate and the Yangtze plate were separated by the boundless old Qinling ocean. In the climactic orogeny stage of 1000 ~ 240 million years ago, the Yangtze plate carried the Qinling microplate convergence, underthrust, collision and matching toward the North China plate(the line from Xiguanzhuang to Yangcheng is the suture zone). The old Qinling ocean died out and two plates merged into an integral whole. Since 240 million years ago, the orogenic belt entered the postorogenic period which was characterized by extension and uplifting, the Funiu Mountains suffering weathering and denudation have gradually become the present features.

Round about 100 million years ago, the intermontane basins formed along the zone of faults. In the famous Xixia basin of the geopark, 8 families, 11 genra and 15 species, 2 conformis and 6 undefined species of dinosaur eggs have been discovered, among which *Macroelongatoolithus xixiaensis* and *Prismatoolithus gebiensis* are the unique and rare types in the world. As far as their unusual occurrence features may be rated as the first in the world, such as wide-spread distribution, large quantity, various type, perfect occurrence, the symbiosis of dinosaur eggs with the skeleton and footprint fossils of dinosaurs, the radiation arrangement in pairs and 90 egg fossils discovered in one nest. Xixia basin is a demonstrating field for studying the existing environment of dinosaurs, the organic evolution and the reasonable protection of dinosaur egg fossil community.

In the geopark, the different kinds of granite formed by the orogeny have suffered the tectonic denudation and water erosion, and has carved the Funiu Mountains into the picturesque landscape with towering mountains, forest of peaks towering into the sky, range upon range of hills, valleys across valleys, deep gullies, deep and secluded pools and cool rivulets.

Because of the abundant rainfall and humid climate, the geopark is covered by dense vegetation. The water and soil conservation are well. The primitive natural ecology and picturesque water body landscape have been kept well. Row upon row of the lofty ridges and towering mountains, boundless immense forests, towering old trees, cliffside waterfalls, rare birds and animals, clear blue pools and clear water are all presented before our eyes and make you feel carefree and happy.

The villages and small townships surrounded by bright mountain flowers and green bamboos, the murmuring stream, the layer upon layer of terraced fields and the smoke curling upward from kitchen chimneys make you feel as if you were in the Land of Peach Blossoms.

Xixia County has the beautiful landscapes, rich natural resources and products. The people of Xixia and the geopark warmly welcome you!

目　录

第一篇　地学科普

第二篇　地质游览

第三篇　科学研究历程

第一篇 地学科普

一、地球 Earth

【地球】Earth

地球是太阳系九大行星之一，是人类居住的星球。按距离太阳远近计，仅远于水星和金星，居第三位。地球绕“地轴”自转，又绕太阳公转，还随太阳系在星际空间运行。是赤道突出、两极稍扁的三轴旋转椭球体，叫做地球椭球体或简称地球体。

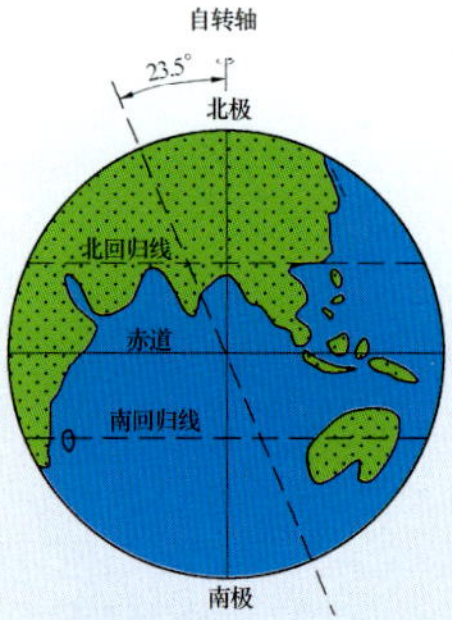

地球距太阳平均距离1.496×10^8公里（即一个天文单位）

轨道偏心率0.016722

自转周期23时56分4.1秒

自转速度0.465公里/秒

公转周期365.2564日

（365日6时9分10秒，1恒星年）

公转速度29.79公里/秒

地球长半径6378.160公里

地球短半径6356.755公里

扁率1/298.25（=0.0033529）

赤道圆周40075.696公里

子午圈长40008.548公里

表面积5.101×10^8平方公里

海洋面积3.62×10^8平方公里（占总面积的70.9%）

陆地面积1.49×10^8平方公里（占总面积的29.1%）

体积1.083316×10^{12}立方公里（太阳体积的1/130万）

平均密度5.518克/立方厘米

质量5.976×10^{21}吨

【地球结构】Earth structure

地球结构是指地球的同心状圈层构造。原始地球形成后，在地球的重力分异和化学分异等作用下，经过漫长的演化，从均匀混合的物质状态，逐渐地依次分化出地核、地幔和地壳等内圈，以及大气圈、水圈和生物圈等外圈。

【地壳】Earth crust

地壳是地球的表层部分。现多把莫霍洛维奇间断面（简称莫霍面Moho）规定为地壳的下界面。地壳上部主要由沉积岩、花岗岩类岩石组成，叫硅铝层。其厚薄不等，在山区有时达40公里，平原区一般为10余公里，海洋区显著变薄，大洋洋底缺失。下部主要由玄武岩或辉长岩类岩石组成，称为硅镁层。它呈连续分布，但厚薄不等，在大陆区厚达30公里，在缺失花岗岩岩层的深海盆内玄武岩层仅厚5~8公里。硅铝层和硅镁层之间以康拉德间断面(Conrad discontinuity)隔开。地壳平均厚度，大陆地区为35公里，大洋地区为5~10公里；我国青藏高原厚达60~80公里，西部地区为50~70公里，东南沿海地区为20余公里。

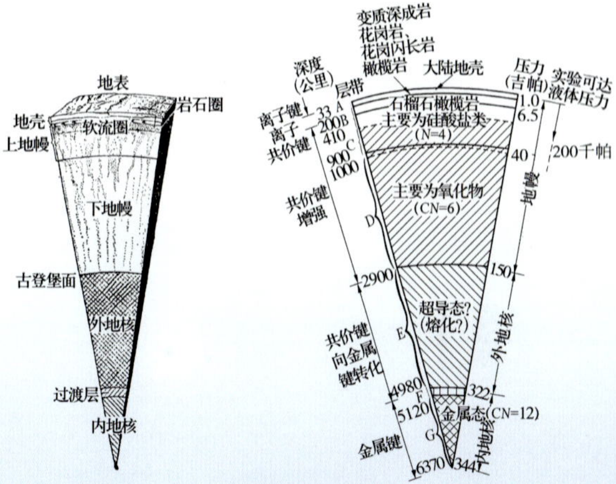

地球构造示意图

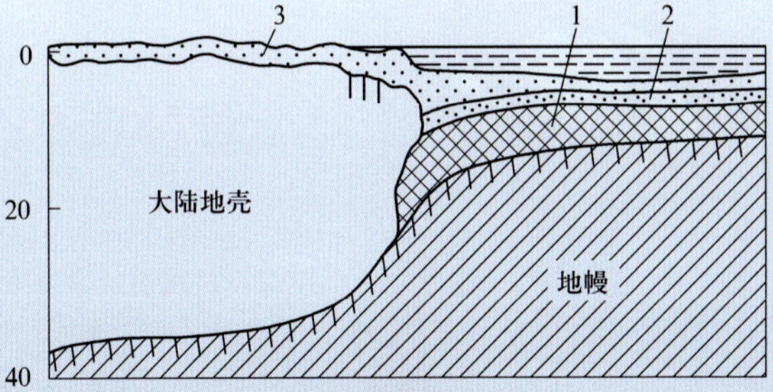

大陆型地壳

1—辉长岩；2—变质的沉积岩和火山岩；3—沉积岩和沉积物

【大陆型地壳】Continental crust

大陆型地壳是地壳的一种类型。位于大陆及大陆架地区，相当于硅铝层及其下的硅镁层。大陆地壳的上部密度为2.7克/立方厘米，地震波P波（纵波）的传播速度为6.2公里/秒。

【大洋型地壳】Oceanic crust

大洋型地壳是地壳的一种类型。位于大洋盆地之下，相当于硅镁层。大洋型地壳缺乏硅铝层，其厚度约5公里，密度为3.0克/立方厘米，地震波的P波传播速度大于6.2公里/秒。

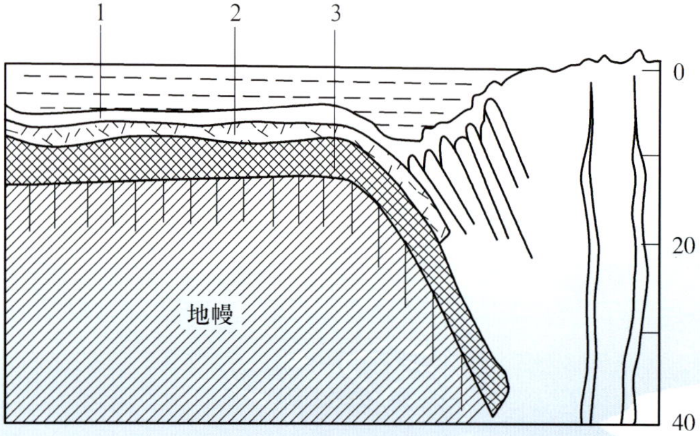

大洋型地壳

1—沉积岩和沉积物；2—变质的沉积岩和火山岩；3—辉长岩

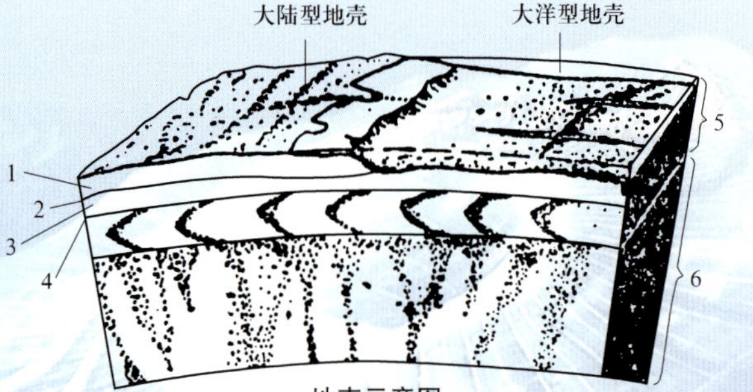

地壳示意图

1—大陆型地壳；2—康拉德面；3—大洋型地壳；4—莫霍面；5—岩石圈；6—上地幔

【岩石圈】Lithosphere

岩石圈是地球上部相对于软流圈而言的坚硬的岩石圈层。厚60~120公里，为地震波高速带。包括地壳的全部和上地幔的上部，由花岗质岩、玄武质岩和超基性岩组成。其下为地震波低速带、部分熔融层和厚度100公里的软流圈。

【水圈】Hydrosphere

水圈是连续包围地球表层的水的闭合圈。主要分布在海洋，占水圈总体积（约3260亿立方公里）的97.2%，其余则零星地分布在陆地上，有的在地面成为冰、雪和冰川（占2.24%）、湖沼和河流，有的渗透到地下土壤和岩石里成为地下水。地面（表）水、地下水及大气水三者不停地进行水的大小循环，引起许多表生地质作用，对地壳起着巨大的改造和建设作用。

【生物圈】Biosphere

生物圈是地球表层有生命活动的圈层。分布范围：在陆地上深不过百余米，在海洋中深达10.8公里，上限不超出臭氧层（只在7~8公里的高空以内发现生物）。地球上的生物在10亿~25亿年前才开始出现。最近，在非洲发现有31亿~32亿年的细菌化石和28亿~35亿年的蓝绿藻化石。生物一出现便参与了对岩石圈、大气圈和水圈的改造，人类的出现更使改造速度加快。因而，生物在地质历史时期的成岩、成矿和成土作用中都起着很重要的作用，研究生物圈对探讨地球发展的历史也有重要意义。

【大气圈】Atmosphere

大气圈是包围地球外面的一层大气，即空气。它位于行星际空间和地面之间，是多种气体的混合体。混合体中各种气体的体积占总体积的比重为：氮78.09%、氧20.95%、氩0.93%、二氧化碳0.03%、氖0.0018%，此外还有水气和尘埃微粒等。一般认为，由以二氧化碳、一氧化碳、甲烷和氨为主的原始大气转变成以氮、氧为主的现代大气，是经过生物圈、水圈和地壳的相互作用、互相促进、逐渐转化而来的。大气总质量为5.6×10^{19}克，其中1/4集中在地面到100公里高度范围内，而且一半集中在10公里高度范围内。其密度和压力随高度增加而趋于稀薄和降低，并逐渐向星际空间过渡，无明显上界。大气圈沿垂直方向划分为对流层、平流层、中层、热层和外大气层等，主要天气现象多发生在对流层中。所以，大气圈对地球表生地质作用，以及整个生物界的发育和电讯传播都有很大影响。

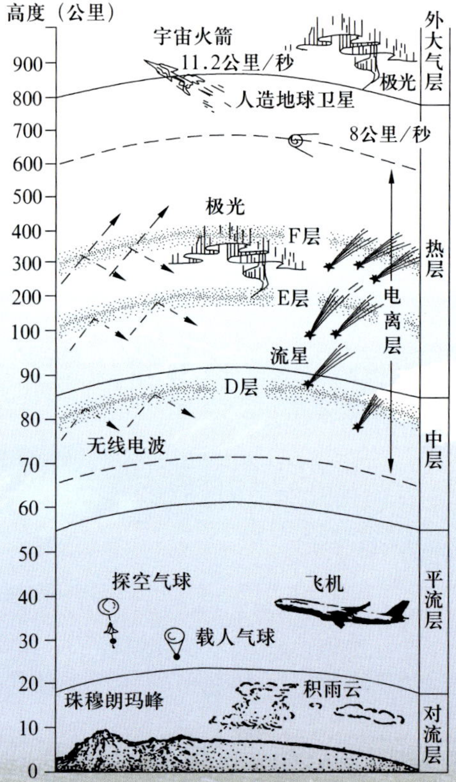

大气圈示意图

二、地质学 Geology

【地质学】Geology

地质学是研究地球的科学。它研究地球的物质成分、内部构造、表面特征，地球发展历史中的各种地质作用和曾经生活于其中的生命形式及其演变。地质学研究的目的是探索各种地质作用建造的发生、发展规律；了解地球和行星的形成和发展历史；为人类开发和利用矿产资源、改造自然，更好地进行经济建设服务。此外，对月球和地外行星以及其他空间物质（如陨石等）的研究，也属于地质学的范畴。地质学有许多分支学科，如：研究地壳组成的矿物学、岩石学、地球化学、同位素地质学等；研究各种地质作用的动力地质学；研究地壳变动的构造地质学、火山学、地震学；研究地表特征的地貌学、冰川地质学、海洋地质学；研究地质历史的历史地质学；研究地层层序演化的地层学和层序地层学；研究地层中所含古生物化石的古生物学；运用地质科学的原理解决各种实际问题的矿床学、石油地质学、煤田地质学、水文地质学、工程地质学、地震地质学等。随着近代科学技术的发展，许多新的分支学科也在逐渐形成，如天文地质学、地球物理学、地质力学、数学地质学、环境地质学等。

三、地质作用 Geologic process

【地质作用】Geologic process

促使组成地壳的物质成分、构造和表面形态等不断变化和发展的各种作用，统称地质作用。地质作用是地质动力引起的。产生地质动力的能源来自太阳辐射、日月引力、地球转动、重力和放射性元素蜕变等。根据发生作用的主要部位，可分为内动力地质作用和外动力地质作用两种基本类型。它们彼此间既互相排斥和互相对立，又互相联系和互相依存，这种对立统一的矛盾运动，推动着地质作用的进行，也推动着地壳的运动和发展。

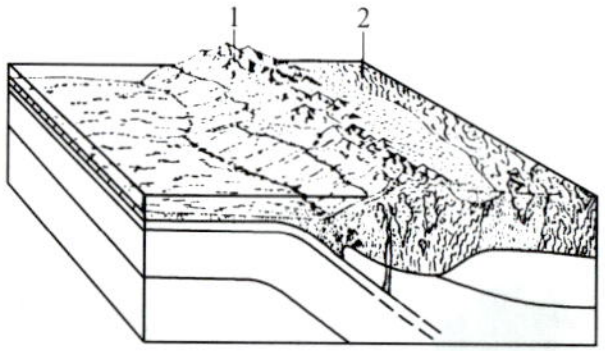

内、外动力地质作用形成的新、老造山带共存格局

1—新造山带；2—较老造山带

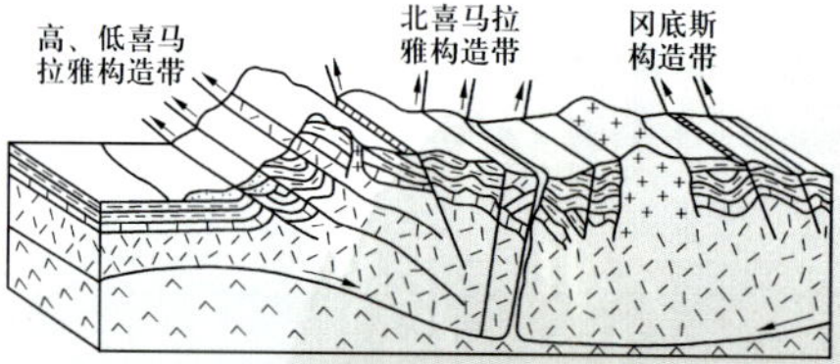

由动力地质作用形成的喜马拉雅造山带模式

【内动力地质作用】Endogenic process

直喷间歇热泉，汽水柱可高达20米

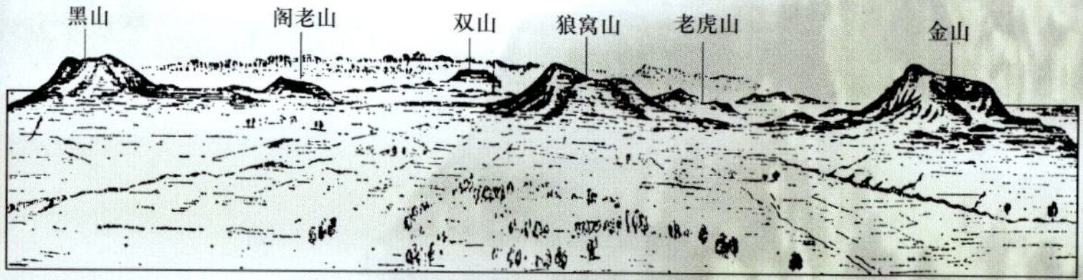

五大连池火山群分布略图

内动力地质作用又称内营力地质作用或内生地质作用。内动力地质作用是指由于地球自转、重力和放射性元素蜕变等能量在地壳深处产生的动力对地球内部及地表的作用。如构造运动、岩浆活动、地震及变质作用等。它不仅使地壳内部构造复杂化，还加大地表的起伏和高差。

【外动力地质作用】Exogenic process

沙尘暴

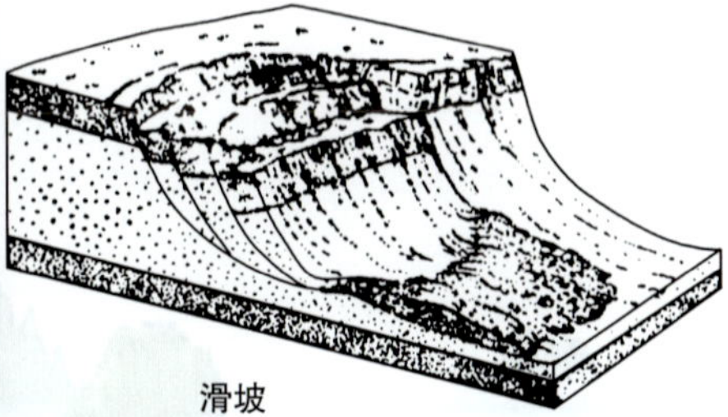

滑坡

外动力地质作用又称外营力地质作用或表生地质作用。大气、水和生物在太阳辐射能、重力能和日月引力等的影响下产生的动力对地壳表层所进行的各种作用，统称为外动力地质作用。具体表现为风化、剥蚀、搬运、沉积和成岩作用等。作用的结果将会缩小地表的起伏和夷平地表的高差。

【风化作用】Weathering

风化作用是在大气条件下，岩石的物理性状和化学成分发生变化的作用。作用的营力有太阳辐射、水、气体和生物。按风化的性质分物理风化和化学风化两种基本类型。在风化过程中，这两类风化通常是同时进行的，而且往往互相影响、互相促进。风化作用实质上是地球和宇宙间、地壳表层与大气圈、水圈和生物圈之间物质与能量转化的表现形式。

风化作用

球状风化

【剥蚀作用】Denudation

剥蚀作用是组成地壳的物质受风力、地面流水、地下水、冰川、湖泊、海洋和生物等各种外动力地质作用的破坏和搬运等作用的总称。剥蚀作用在破坏组成地壳物质的同时，也改变着地表的基本形态。由剥蚀形成的地貌称剥蚀地貌，其中剥蚀成的近似平坦的地面，称为剥蚀面。

沼泽和剥蚀作用形成的低缓山丘

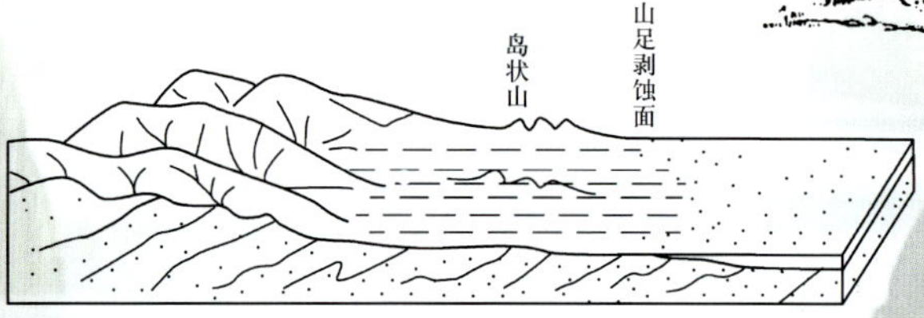

山麓剥蚀面

【侵蚀作用】Erosion

侵蚀作用是地表岩石和土壤等物质受到自然作用力而发生松散、崩解、溶解和破坏，而且从原地搬运到他处的现象。在自然界这些作用包括风化作用、溶蚀作用、磨蚀作用和搬运作用等。一般来说，侵蚀作用主要是指陆地岩石、土壤的机械破坏，以及被破坏的物质（如土壤等）被流水（包括降雨）、波浪、海流（包括潮汐）、冰川和风力等的破坏和运移。

黄土梁峁——流水的侵蚀作用

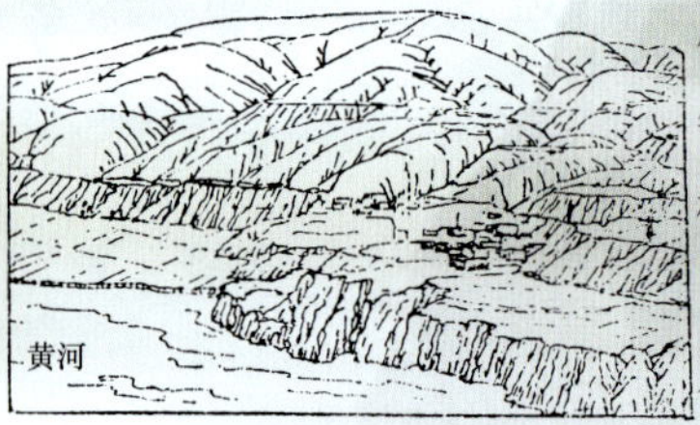

黄河岸边侵蚀地貌

【风蚀作用】Wind abrasion

风蚀作用是风力对地表岩土的破坏作用。它包括风直接的吹蚀作用和风沙的磨蚀作用。这两种作用彼此相辅相成。风蚀作用的强度取决于风速和地表物质结构及地形状况，以近地面30厘米高度内最强烈。

【岩溶作用】Karstification

岩溶作用是水流对可溶性岩石进行的以化学作用（溶解和沉淀）为主的，并伴随有机械作用（流水侵蚀和沉积，重力崩塌和堆积）的地质作用。岩溶作用的结果是形成岩溶地貌景观。自然界最普遍而规模最大的岩溶现象多发生在石灰岩、大理岩和白云岩等碳酸盐类岩石中。

“岩溶”一词原称“喀斯特”，我国于1966年决定改称“岩溶”。

【搬运作用】Transportation

风化、剥蚀后的碎屑、胶体、分子或离子等不同状态的物质，随着各种地质外动力以推移、跃移、悬移或溶液运移等方式转移到他处的过程称为搬运作用。在搬运过程中各种物质经受着物理和化学的不断改造和分选。

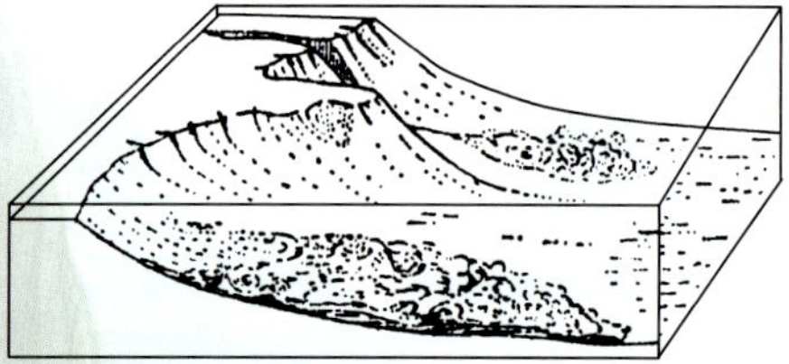

大陆架上的搬运作用

【沉积作用】Sedimentation

洪积扇——搬运作用与沉积作用形成

被搬运的物质由于搬运介质物理化学条件的改变，呈有规律的堆积现象称为沉积作用。沉积作用可分为大陆的和海洋的两大类。大陆沉积作用按介质的不同有风、地面流水、地下水、冰川和湖沼等的沉积类型；海洋中因为能够大量接纳由各种外力地质作用搬运来的物质，同时海底剥蚀作用的相对减弱，故沉积作用非常发育。大陆或海洋中由生物遗体或生物分泌物质堆积而成的沉积称为生物沉积。此外，按沉积作用的方式还可分为机械的、化学的和生物的三种类型。

【成岩作用】Diagenesis

使松散沉积物转变为坚硬岩石的作用称为成岩作用。这一过程是通过沉积物的搬运、分选、沉积、压固、脱水和胶结而实现的。

四、构造地质 Structural geology

【构造地质学】Structural geology

构造地质学是地质学的一门分支学科。其研究对象为地壳中岩石的构造形象、空间分布及其形成原因，其中包括岩石的原生构造和次生构造。它着重于岩石的褶皱、断裂、劈理以及其他面状、线状等构造的形态特征、形成条件及机制、分布组合规律、发展演化和关于产生这些构造的地壳运动方向、方式及性质的研究，尤其是主要在中等和小尺度上对构造进行描述、表现和分析。

【层面】Bedding plane

层面是平面的或近于平面的层理面。它把相同或不同岩性的连续沉积形成的岩层分成不同的、可以互相区别的层。层面也就是沉积面，它常可显示沉积环境的变化。层面的标志是有分隔面或颜色差异。层面一词适用于一切岩层的层理面。

【向斜】Syncline

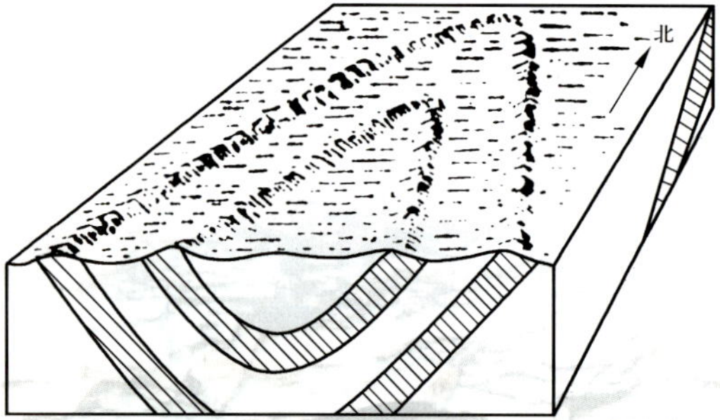

向斜构造

向斜是一种下凹的、其核部由新地层组成的褶曲。判别向斜不能简单根据其形态的下凹或下坳，要根据从核部向两翼地层时代是否由新变老。若地层时代不明，则泛称向形。

【褶皱】Fold

褶皱是变形作用在面状构造（岩层、层面、叶理或劈理等）中引起的弯曲或扳曲；另一意思指褶皱作用，具有地壳运动方面的含义。

【褶皱要素】Elements of fold

褶皱要素是褶皱的基本组成部分，根据它们在褶皱中的空间位置，分别叫做褶皱的核、翼、顶、槽、脊、脊面、槽面、枢纽、轴面、轴、转折端等。

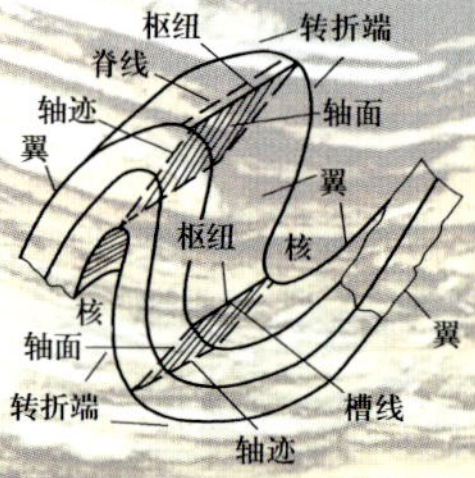

褶皱要素

【复背斜】Anticlinorium

复背斜又称复式背斜，由若干次一级的背斜、向斜组合而成的一个大型背斜构造。复背斜的规模很大，常常需要经过较大范围的地质测量才能了解其全貌。在复背斜中由于次级褶皱的发育，新老岩(地)层重复出现，但从总体看，它仍具有核部岩(地)层时代老、翼部岩(地)层时代新的特征。在横剖面上其次一级背斜、向斜的轴面往往呈扇形、倒扇形的组合。

复背斜

【复向斜】Synclinorium

复向斜

复向斜又称复式向斜，由若干次一级的背斜、向斜组合而成的一个大型向斜构造。复向斜的规模很大，常常需要经过较大范围的地质测量才能了解其全貌。在复向斜中由于次级褶皱发育，新老岩(地)层常会重复出现，但从总体看，它仍具有核部岩(地)层时代新、翼部岩(地)层时代老的特征。在横剖面上其次一级背斜、向斜的轴面往往呈扇形、倒扇形的组合。

【断裂】Rupture

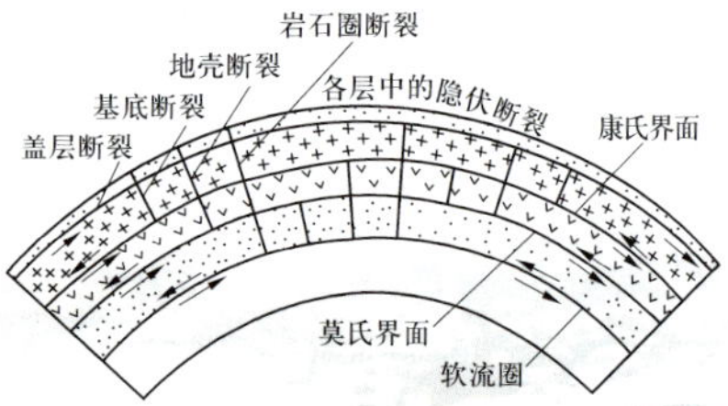

四类断裂示意图

①断裂就是岩石的破碎现象。它起因于应力作用下的机械破坏，使岩石丧失其连续性和完整性，而不涉及其任何破碎部分是否发生位移。断裂包括裂隙、节理和断层等。

②断裂是岩石瞬间丧失内聚力或丧失对不同应力的抵抗力以及释放其贮积的弹性能力的变形。此定义用于实验构造地质学。

【断层】Fault

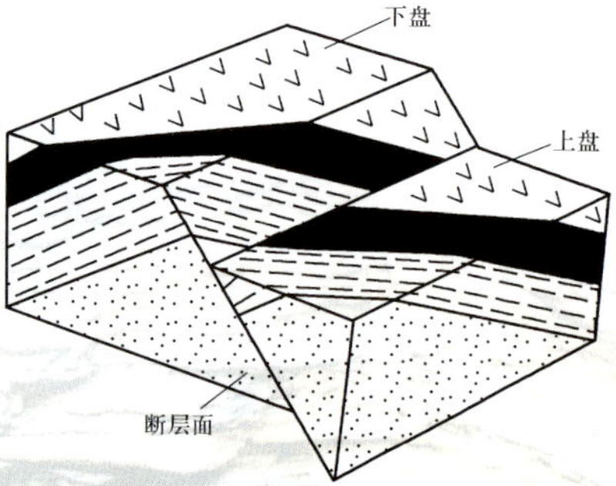

断层（正断层）

①断层是岩层或岩体中的一个或一组破裂面，沿破裂面两侧的岩层或岩体发生显著的位移。断层的位移量有大有小，小者仅有几厘米，大者可达数公里乃至数十公里。

②断层是岩块间的一种不连续面，岩块在平行于不连续面的方向上发生相对位移。

【正断层】Normal fault

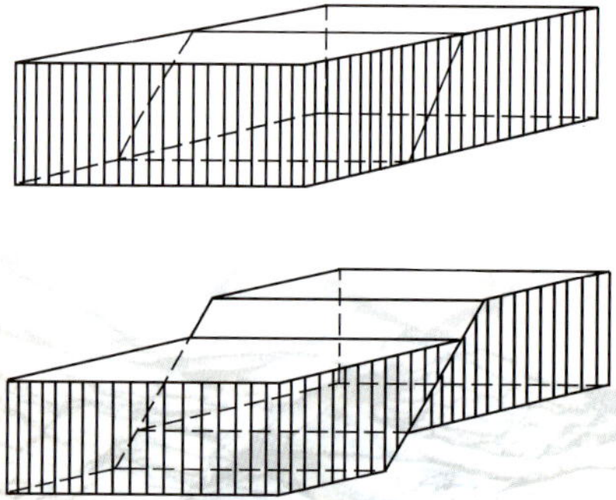

正断层

正断层是相对于下盘而言，上盘沿断层面向下方运动的断层。一般认为多数正断层是在重力作用和水平张力作用下形成的，故又称为“重力断层”。正断层断层面的倾角一般为45°～90°。

【逆断层】Reverse fault

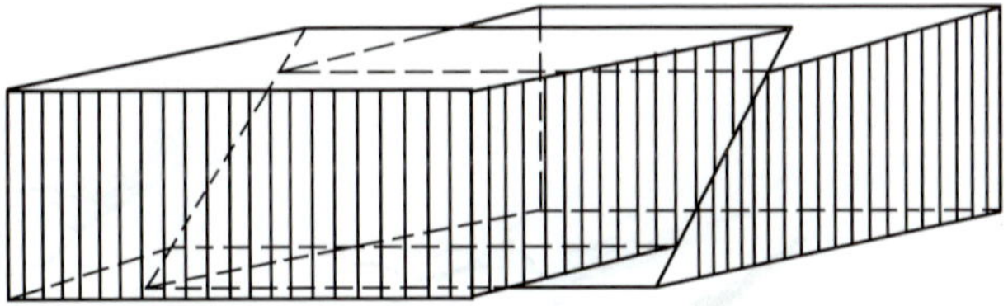

逆断层

逆断层是上盘沿断层面相对上升的断层。一般认为逆断层是受到近于水平的挤压应力作用而成的，因之多与褶皱相伴生。

【平移断层】Transcurrent fault

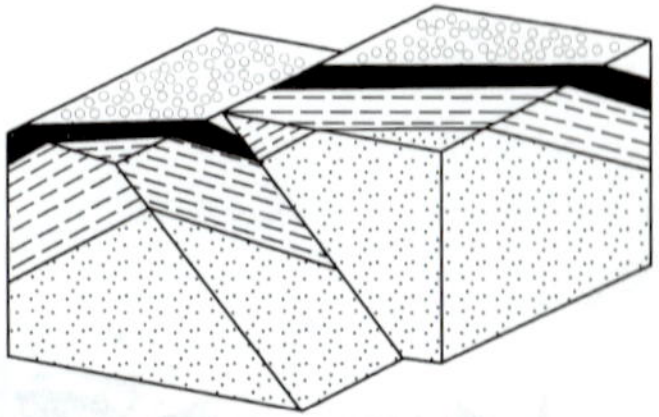

平移断层

平移断层也称走向滑动断层（Strike-slip fault），即两盘沿断层面走向发生相对错动的断层。按两盘相对位移的方向可分为左行平移断层和右行平移断层。前者两盘显示左旋，即逆时针方向旋转；后者两盘显示右旋，即顺时针方向旋转。

【阶梯式断层】Step faults

阶梯式断层

阶梯式断层是一组产状大致相同的正断层，各自的上盘依次下降，形成犹如阶梯一样的断层组合。

【节理】Joint

①节理是岩石中的破裂。根据节理的成因可将其分为构造节理和非构造节理；根据节理的力学性质可将其分为张节理和剪节理；根据节理与成岩过程的关系可将其分为原生节理和次生节理。

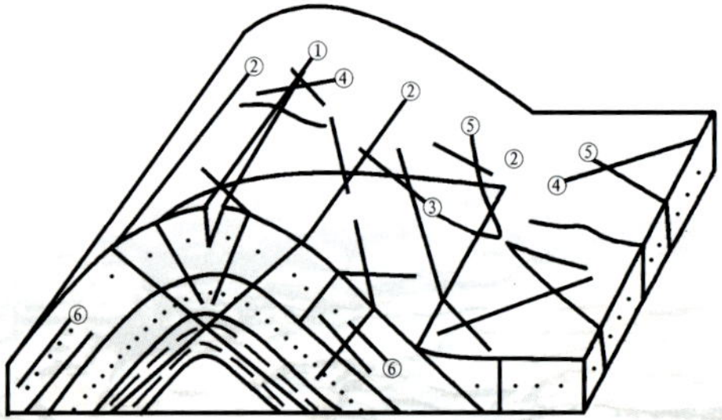

节理形态分类示意图
①②—走向节理或纵节理；
③—倾向节理或横节理；
④⑤—斜节理；
⑥—顺层节理

②节理是把岩石分割成具有一定几何形状的岩块的裂隙系统。根据岩块的形状，这种节理被命名为柱状节理、板状节理、菱状节理等。

③节理是岩石中未发生位移的实际的或潜在的破裂面或裂理面。这种面通常都是平面且常互相平行产出，形成一组节理的一部分。古老的节理常常被造岩矿物或含矿矿物所充填。

【张节理】Tension joint

张节理是在垂直于主张应力方向上发生张裂而形成的节理。张节理一般多不平直，裂面较粗糙。发生在砾岩及砂岩中的张节理，可使岩石沿砾石表面或砂粒表面裂开而不穿切砂砾。张节理两壁常张开而不闭合，裂缝宽窄变化较大，易被岩(矿)脉充填。张节理一般沿其走向及倾向都延长不远即行消失，而在其一侧又可发育同一方向的张节理，这就是所谓的“尖灭侧现”的现象。张节理经常追踪两组剪节理而呈锯齿状，称追踪张节理。在岩石的剪切带中，常发育有被岩(矿)脉充填的雁行式节理。

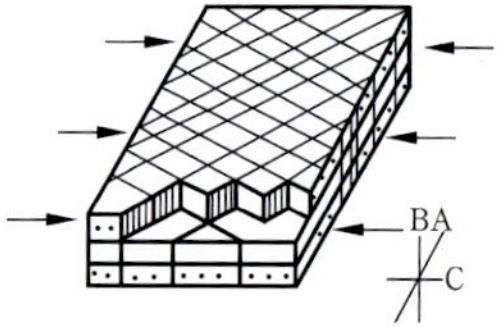

斜剪节理及锯齿状张节理

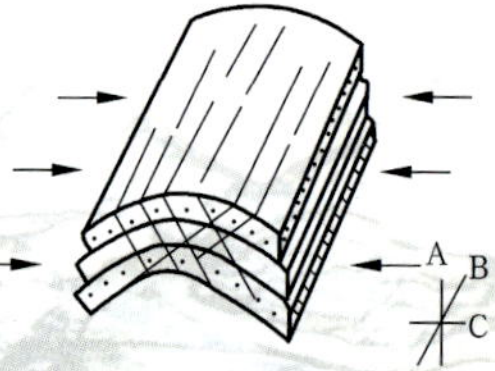

纵剪节理

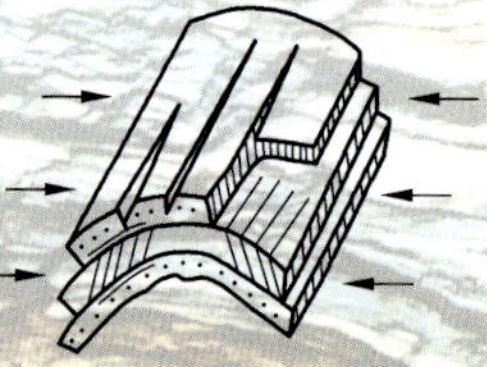

纵张节理及层间剪节理

节理主要类型

【剪节理】Shear joint

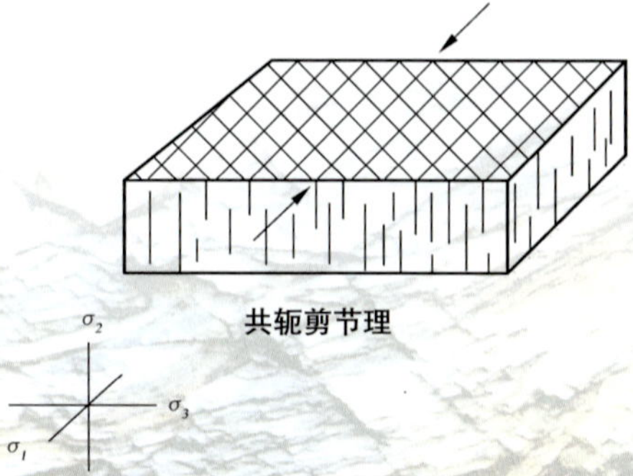

共轭剪节理

剪节理是由剪切破裂形成的节理。剪节理面平直而光滑，通常是闭合的，沿走向及倾向延伸都较远。沿节理面可以有轻微位移，有时可能在节理面上留有擦痕。剪节理常切穿岩石中的砾石、岩脉或结核等，据其错开情况常能判断剪节理两侧岩石的相对位移方向。剪节理多成群出现，构成平行排列或雁行排列的节理组；两组共轭剪节理则构成“X”形节理。

【片理】Schistosity

片理是中深变质岩区由于强烈变形和变质作用使片状和板状矿物定向排列而形成的一种面状构造。它是变质岩区中特有的构造形迹。另一种看法认为片理就是重结晶程度较高的流劈理。

【片麻理】Gneissosity

在变质较深的片麻岩和混合岩中，由于片状矿物和粒状矿物相间定向排列而呈现的一种构造，称为片麻理。

五、地貌景观 Geomorphologic landscapes

【地貌】Landform

地貌又称地形，是地表外貌各种形态的总称。它是内动力地质作用和外动力地质作用对地壳作用的产物。按其形态可分为山地、丘陵、高原、平原、盆地等地貌单元。按其成因可分为构造地貌、侵蚀地貌、堆积地貌、气候地貌等类型。按动力作用的性质可分为河流地貌、冰川地貌、岩溶地貌、海成地貌、风成地貌、重力地貌等类型。

【山系】Mountain system

山系是在一个巨大的构造单元或一个大型构造体系范围内发育形成的，在形态、成因和结构上有紧密联系的属于同一系统的若干相邻山脉的综合体。例如，喜马拉雅褶皱带上形成的全部山脉统称为喜马拉雅山系，昆仑—秦岭构造带上形成的山脉称为昆仑山系和秦岭山系。

【山脉】Mountain range

呈线状、条带状或束状连续延伸的山体，称为山脉。它的分布主要受构造的控制。例如，我国西部山脉的走向主要受东西向或北西西向构造的控制。自然界中各种不同规模的条形山脉间的形态、排列组合是很复杂的：有的呈平行状、雁行状、羽毛状、边幕状；有的呈树枝状、格状或放射状。这种现象是各种不同类型构造控制的表现。由于山脉构造比较复杂，有利于岩浆活动，是各类金属矿床形成的主要场所。

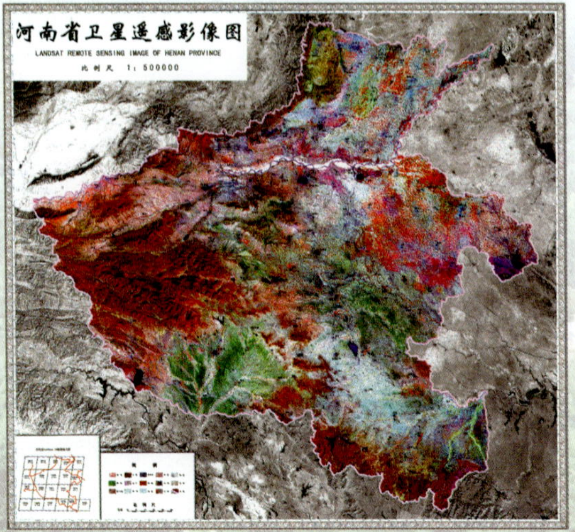

【山】Mountain

地貌景观（长城八达岭）

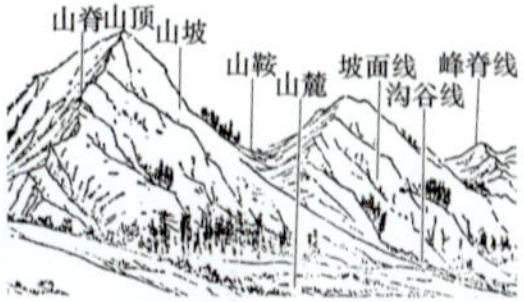

地岳形体要素

山又称山地。陆地上海拔500米以上，并由山顶（山脊）、山坡和山麓（山脚）三个要素组成的隆起高地，统称为山。根据山的高度可分为最高山、高山、中山和低山。山的外貌形态细节，受所在气候带特有的外力组合作用的影响，因而具有与该气候带相应的气候地貌组合特征。例如，嵩山、太行山具有半干旱气候带的侵蚀-剥蚀地貌组合特征。

名 称	绝对高度(米)	相对高度(米)
最高山	＞5000	＞1000
高 山	3500～5000	200～1000
中 山	1000～3500	200～1000
低 山	500～1000	200～1000
丘 陵	＜500	＜200

【丘陵】Hill

顶部浑圆、坡度平缓，坡脚线不明显海拔小于500米的低矮山丘称为丘陵。许多丘陵和低山毗连，为低山的组成部分，称低山丘陵；与山地相连的称山前丘陵；也有些丘陵分布在高原面上，它们主要是长期受侵蚀、剥蚀等各种外动力地质作用形成的。有些波状丘陵是地形进入老年期后，准平原化阶段的产物。

【构造地貌】Tectonic landform

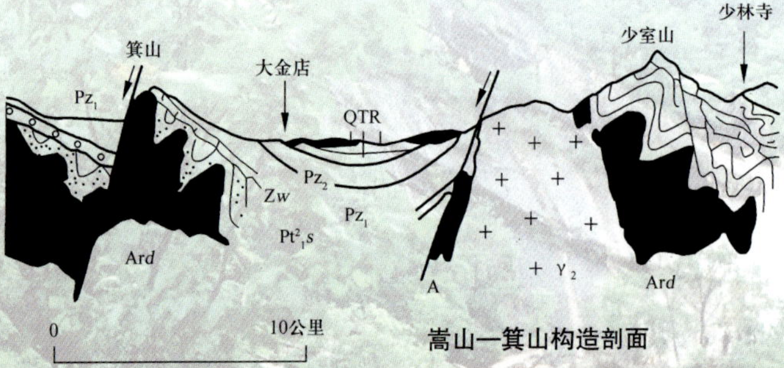

嵩山一箕山构造剖面

构造地貌是地质构造和构造运动起主导作用形成的地貌形态。构造地貌的研究，一方面从构造因素出发来解释现代地貌成因及形态；另一方面根据现有地貌形态来分析地壳构造。构造地貌分三个主要等级：第一级是整个地球的形状及大陆和洋盆，是源自地球内部和宇宙性的动力作用下形成的地球表面最大的地貌单元；第二级是山地与平原，是在以内力为主作用下形成的地貌单元；第三级是方山、单面山、猪背山等，叠加在第二级地貌之上，主要是地质构造受外动力地质作用剥露的地貌形态。

【流水地貌】Fluvial landform

流水地貌是由地表流水的侵蚀、搬运和堆积作用形成的各种地貌。可分为暂时性流水地貌和经常性流水地貌，前者如冲沟、洪积扇等；后者如河谷、河漫滩、三角洲等。又可分为有明显槽床的线性流水地貌和无明显槽床的片状流水地貌，前者又称河流地貌，在各个气候区普遍存在；后者主要出现在干旱区的山麓地带，表面覆盖着薄层的岩石碎屑，形成微缓倾斜的山麓剥蚀平原。

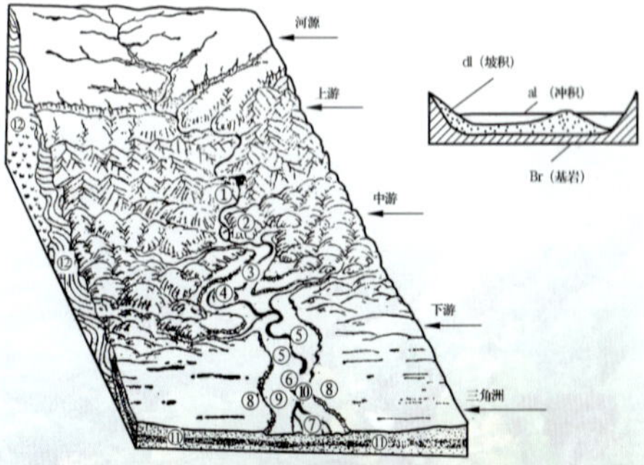

流水地貌块体图

①瀑布；②心滩；③江心洲；④离堆山；⑤牛轭湖；⑥河曲；⑦三角洲；⑧阶地；⑨河漫滩；⑩河床；⑪冲积物；⑫基岩

【洪积扇】Proluvial fan

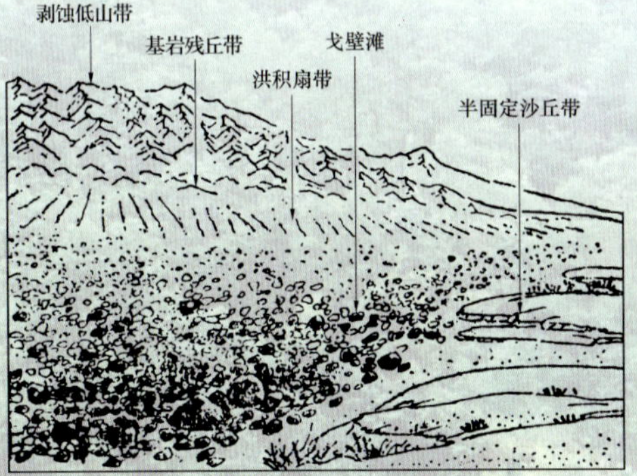

洪积扇

洪积扇是暂时性或季节性河流流出山口后变为多河床辫流形成的一种扇状堆积地形。主要发育在干旱或半干旱山区，往往是由多次洪积过程形成的。由于洪水大小不同，洪积作用规模也有差别。洪积扇顶部物质一般粗大，是潜水补给带，越向边缘越细，是潜水溢出带，溢出地表形成泉水或沼泽，甚至使地表呈现盐渍化。形成洪积扇的暂时性河流到山前多呈散流而消失，因此洪积扇是这类河流末端的堆积地形。所以，洪积扇又有旱三角洲之称。洪积扇的叠置和变形是确定活动构造的重要证据之一。我国西北和华北山区广大的干旱和半干旱的山前地带，暂时性和季节性河流常形成典型的洪积扇。

【瀑布】Waterfall

河流流经局部呈悬崖式河床时的一种河水倾泻现象称为瀑布。规模较小的叫跌水。瀑布有较强的淘蚀作用。河床在它长期作用下可造成陡坎的溯源后退，形成峡谷、壶穴等地形。我国幅员辽阔，地质构造复杂，分布着各种类型的瀑布。唐代诗人李白（公元701～762年）曾写下“飞流直下三千尺，疑是银河落九天”的诗句来形容瀑布的壮丽景色。

【岩溶地貌】Karst landform

岩溶地貌

由岩溶作用形成的各种地表和地下地貌形态统称为岩溶地貌，如石芽、溶沟、溶斗、峰林、溶洞等。这类地貌在各种可溶性岩石（严格说是易溶性岩石）中都有表现，但在碳酸盐类岩石中最为发育。在黄土中由于地下水的机械侵蚀作用（潜蚀），冰川中由于热力的融化作用，盐湖中由于水的溶解作用，均可形成类似岩溶地貌的一些现象则称为“类岩溶地貌”，也曾称为假喀斯特和热喀斯特。岩溶地貌与各种工程建筑有密切关系，既有危害的方面，也有有利的方面。利用岩溶首先应调查研究其发育的规律，结合工程建筑特点，针对其主要危害采取相应措施。

六、大地构造 Geotectotonics

【大地构造学】Geotectology

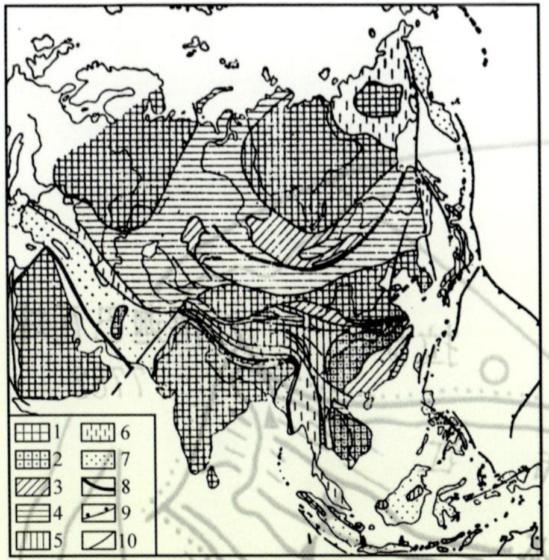

亚洲大地构造简图

1—前寒武纪地块；2—前寒武纪准地台或中间地块；3—加里东褶皱带；4—华力西褶皱带；5—印支褶皱带；6—燕山褶皱带；7—新生带褶皱带；8—板块碰撞缝合线；9—俯冲带；10—断层

大地构造学是一门综合性的地质学分支学科。它研究地壳或岩石圈的大型乃至全球构造的发生、发展、区域的构造组合和变形特征、分布和相互关系、历史演化以及产生这些构造的地壳运动和力源。大地构造学的发展历史表明，它往往反映了不同时期地质学在各个领域里的研究水平和总体发展趋势。因此，大地构造学在地学领域中占有重要的地位。

【地壳运动】Crustal movement

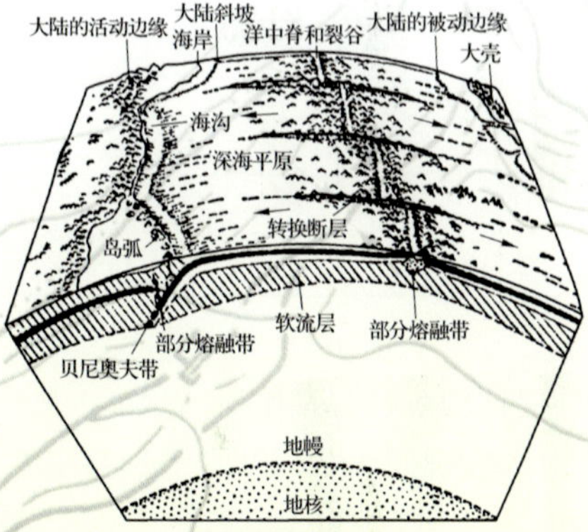

地球板块构造图式

地壳运动是指影响包括花岗岩–变质岩层和玄武岩层在内的整个地壳的运动。这种运动大体上相当于波状运动。地壳运动可作广义的和狭义的理解，前者是指地壳内部物质的一切物理的和化学的运动，其中包括地壳的变形、变质和岩浆活动等；后者是指主要由地球内力作用所引起的地壳的隆起、坳陷和各种构造形态形成的运动。地壳总是在不停地运动着，不过有时强烈、有时和缓，有的地方强烈、有的地方和缓，并且是在有方向、有规律地变化着。在一般地质文献中，常用垂直运动、水平运动、造陆运动、振荡运动、造山运动、褶皱运动和断裂运动等概念来描述地壳运动。

【造陆运动】Epeirogenic movement

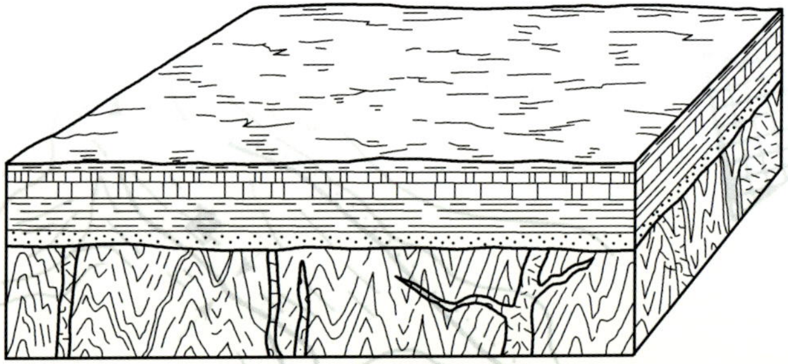

地台

造陆运动又称造陆作用。它基本上是大面积缓慢的垂直升降运动，表现为巨大的隆起和坳陷。这种隆起和坳陷不仅影响到地台区，而且也影响到已稳定了的造山带，现代的大多数山岳地区就是由造陆运动形成的。它是地质历史时期造成大陆和大型海盆的地壳运动。

【造山运动】Orogeny

造山运动又称造山作用或区域构造作用。造山运动作为造成山区内部构造的作用过程，包括地壳上部的褶皱、逆掩和断裂，以及地壳下部的塑性褶皱、变质和深成岩浆作用等。造山运动发生于较短的时间内，在一条线状的地带里发生强烈的变形。与造山运动相伴发生的有地层的褶皱和断裂，发育有角度不整合。随同造山事件，常发生有火成岩体的侵入和区域变质作用。造山运动可能是由大陆相撞、大洋板块对大陆板块的俯冲、大陆的上升等原因引起的。

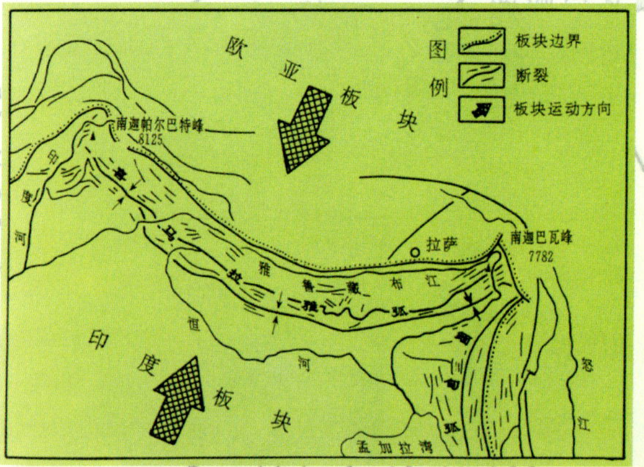

喜马拉雅山区结构平面示意图

【板块构造说】Plate tectonics hypothesis

板块构造说认为地球表层岩石圈（包括地壳和上地幔的上部，平均厚度约70公里）并不是一块整体，而是被一些构造活动带（如海岭、岛弧构造、水平大断裂）所割裂，形成几个不连续的单元，称为板块。每个“刚性”板块就在上地幔软流层上漂移运动，这些互相运动着的板块所产生的一系列构造现象和内在联系，就叫板块构造。该学说认为全球由6大板块（欧亚板块、太平洋板块、印度洋板块、非洲板块、美洲板块、南极洲板块）拼合而成。板块内部一般是稳定地区，而大小板块的分界线上则是地壳活动地带。其活动性表现为地震、火山等。板块构造说于1968年前后提出，1973年左右基本成型，直到现在仍在继续发展。

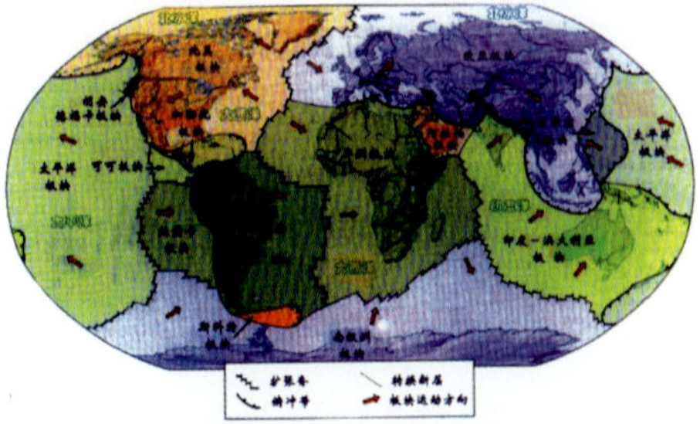

全球岩石圈板块构造图
（据J.P.Davidson et al.,1997）

七、中央造山系及秦岭造山带 Central Orogenic System of China and Qinling Orogenic Belt

【中央造山系】Central Orogenic System of China

中央造山系呈东西向横贯中国中部，分割中国南北，是世界著名的造山系。它包括胶东半岛南部、大别山、秦岭、祁连山、东昆仑、西昆仑，直到帕米尔西延出境外。

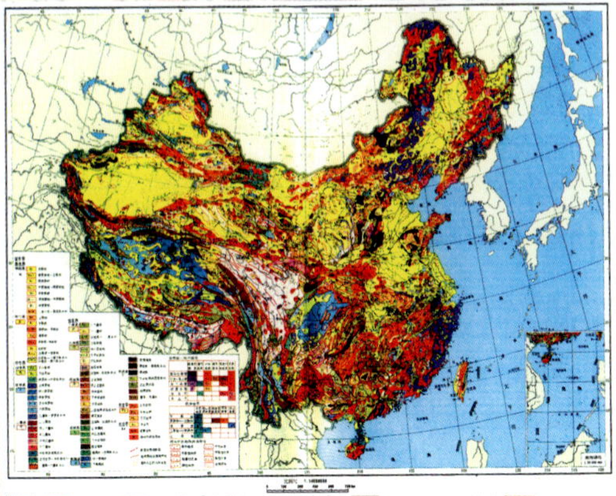

【秦岭造山带】Qinling Orogenic Belt

秦岭造山带包括东秦岭、西秦岭，东西长约1000公里，南北最宽约400公里，总面积约14.2万平方公里。

秦岭造山带经历长期的形成演化过程，具有复杂的组成和结构，具有重要的地球科学理论意义。

秦岭造山带地质结构：由华北古板块、秦岭古微板块和扬子古板块三个板块沿两个缝合带碰撞拼合形成，呈立交桥式的三维结构；如今华北、扬子两地块仍相向向秦岭之下俯冲，秦岭则呈不对称扇形向上隆升，现在还处于隆升之中。

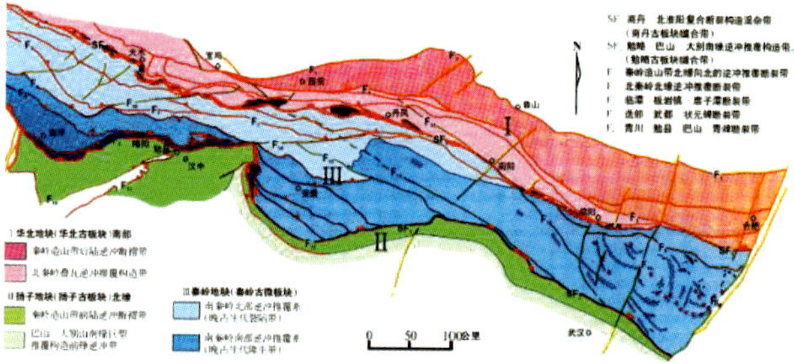

秦岭造山带构造单元划分

八、研究地球历史的科学 The science studing the Earth history

【地史学】Geohistory

地史学又称“历史地质学”，是研究地球历史的科学，但主要是研究地壳发展历史和规律的一门综合性地质学科。地史学的研究主要是基于古生物学、地层学、地质年代学、古地理学等的研究，同时它又是地质学的一个主要分支。

【地质年代学】Geochronology

地质年代学是研究地史时期年代顺序及其延续的年龄值，从而制定地质年代表的学科，包括建立地质年代系统的相对地质年代学和用同位素年龄测定得出的具有年龄数据的同位素年代学。

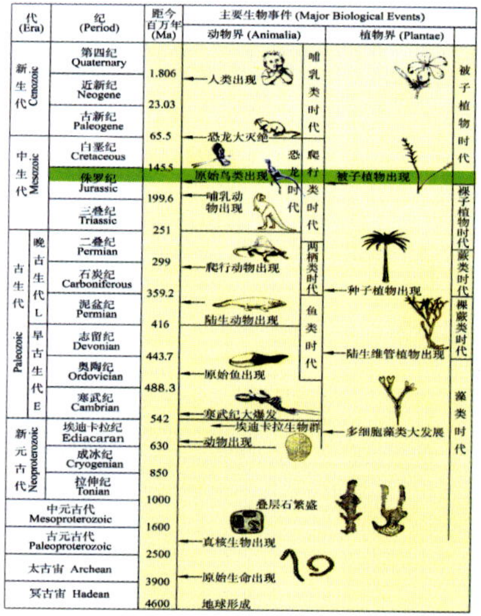

【地层学】Stratigraphy

地层学是地质学的基础学科、地史学的理论基础。狭义的地层学为研究构成地壳的所有层状或似层状岩石的特征、属性、空间关系及时间顺序的基础地质学科，即生物地层学。广义的地层学为研究构成地壳的层状、似层状及非层状所有岩石体的特征和属性、类型级别、相互关系及其时间、空间分布规律的学科。其主要内容包括地层的层序和时代及其地理分布、地层分类、地层对比以及各种岩石之间的相互关系，包括生物地层学、岩石地层学、年代地层学等。地层学的深入研究可以阐明沉积岩层的沉积规律、沉积环境、古地理及古气候的情况。这对于地质勘探及普查找矿很有帮助，特别是对寻找煤、石油、天然气、油页岩、铁、磷、石盐、石膏等沉积矿床具有指导意义。

【古生物学】Palaeontology

古生物学是研究地史时期中的生物及其进化的学科。即根据保存在地层中的化石，研究地史时期生物的形态、构造、分类、分布、进化关系及生物遗迹等。古生物学对阐明生物界的发展历史、确定地层的地质年代、推断古地理环境、研究地壳的演变规律、普查勘探各种沉积矿床等都具有重要的意义。

【地质年代单位】Geochronologic unit

地质学家把地球漫长的历史划分为几个大的阶段：太古宙、元古宙、显生宙。划分地质年代的单位是宙（隐生宙、显生宙）、代（新太古代等）、纪（寒武纪等）、世（早寒武世等）、期等，共5个等级。其相对应的地层单位为：宇、界、系、统、阶。

地层分类

类型	适用范围	年代地层单位	地质年代单位
年代地层（时间地层）或生物地层	国际性的	宇 界 系 统 阶 亚阶	宙 代 纪 世 期 亚期
	区域性的		
岩石地层（岩性地层）	地方性的	群 组 段 层	

九、古生物和古生物化石 Palaeo-organism and palaeontologic fossil

【古生物】Paleobionts

古生物是指地质历史时期的生物。一般认为，从地球上最早期的生命出现开始到全新世为止，这段漫长的地质历史时期中生存过的生物都叫古生物。古生物包括古无脊椎动物，古脊椎动物、古植物、微体古生物等。

【古生物化石】Palaeontologic fossil

保存在地层岩石中的古生物的遗体、遗迹，叫做古生物化石。按照其保存特点，可分为实体化石、模铸化石、遗迹化石及化学化石四类。

【古生物化石的分类】The classification of palaeontologic fossil

古生物分类采用现代生物分类的分类系统，最大的分类单位是“界”，由大到小为：界、门、纲、目、科、属、种。辅助分类单位有：亚门、超纲、亚纲、超目、亚目、超科、亚科、亚属、亚种。由于化石本身保存的不完备性，古生物的种基本上是形态种。

【古生物化石的命名】The nomenclature of palaeontologic fossil

古生物和现生生物一样，必须有学名，学名根据“国际动物命名法则”和“国际植物命名法则”及有关文件而定。采用拉丁文或拉丁化的文字命名。亚属以上单位的命名均采用“单名法”，种一级的命名采用“双名法”，亚种级的命名采用“三名法”。科、属、种三级分类单位与古生物最为密切。属、种及亚种的拉丁学名书写时为斜体字。

【裸子植物化石】Gymnosperm fossil

裸子植物以种子繁殖，因其受精前种子的胚珠裸露，无果实包被，故名裸子植物。由裸子植物形成的化石称为裸子植物化石。裸子植物在中生代占当时植物界统治地位，故中生代亦称裸子植物时代。

【被子植物化石】Angiosperm fossil

被子植物是植物中最高等的一类。因其种子有果实包被，故名被子植物。又因其有真正的花，又被称为显花植物。被子植物最早出现于早白垩世，晚白垩世迅速繁盛，古近纪时被子植物已占绝对优势，所以新生代也称为被子植物的时代。被子植物形成的化石称为被子植物化石。

【漫话“龙”和恐龙】"Dragons" and dinosaurs

在中生代时期的距今2.20亿年至6500万年期间，地球上两栖动物的统治地位被爬行动物所替代，并发展到鼎盛时期，所以中生代又称“爬行动物时代”。说到爬行类，人们自然会想到现生的龟鳖类、蛇类、蜥蜴类及鳄类，但在中生代，那是“龙”的世界。当时，陆地上、空中、水里，都有“龙”生活。如幻龙类、鳞龙类、南漳龙、弯嘴龙、芙蓉龙、喙嘴龙、翼指龙、翼龙、鱼龙、沧龙、地龙、贵州龙、巢湖龙、鸭嘴龙、霸王龙、懒龙、暴龙、似鸟龙、窃蛋龙、肿头龙、满洲龙、山东龙、谭氏龙、巴克龙、青岛龙、慈母龙、甲龙、三角龙、原角龙、云南龙、昆明龙、禄丰龙、蜀龙、气龙、峨眉龙、华阳龙、天池龙、美颌龙、梁龙、马门溪龙、剑龙、禽龙、鹦鹉嘴龙等，种类很多。200多年来，科学家认出了800多种恐龙。

“恐龙”这一名词，是1842年英国古生物学家理查德·欧文创建的。英文的dinosaur来自希腊文*deinos*（意思是恐怖）和*sauros*（意思是蜥蜴或爬行动物）。谈到恐龙，许多人误以为恐龙都是庞然大物，其实不然，有些恐龙（如小的虚骨龙类）仅有一只鸽子那样大，鸟臀目的鹦鹉嘴龙（*Psittacosaurus*）大小如家犬，美颌龙只有鸡那么大。

恐龙是指生活在距今大约2.20亿年至6500万年的、能以后肢支撑身体直立行走或用四肢行走的、大小和种类不同的一大群早已灭绝的陆生爬行动物。所以，“恐龙”一词不是科学分类上的术语，它是初龙类中的两个目——蜥臀目和鸟臀目的俗称。

千万不要认为带有“龙”字的都属于恐龙，水中生活的鱼龙、空中飞行的翼龙等就不属于恐龙，而属于爬行动物，它们只是恐龙的“街坊”、“邻居”。

十、地质灾害 Geological disasters

【地质灾害】Geological disasters

所谓地质灾害，就是由自然或人为因素的作用引起的、对人类生命财产及环境造成破坏和损失的地质作用或现象。按致灾速度，可分为突发性和缓变性两大类。前者如地震、崩塌等，后者如地面沉降、水土流失等。我国常见的主要地质灾害有地震、崩塌、滑坡、泥石流、地面沉降、水土流失、土地沙漠化等。

【崩塌】Avalanche

陡坡上大块的岩石在重力作用下突然崩落的物理地质现象叫做崩塌。它可因多裂隙的岩体经强烈的物理风化、雨水渗入或地震而造成，往往毁坏建筑物，堵塞河道或交通路线。

【滑坡】Landslip

滑坡是指斜坡上不稳定的岩体或土体在重力作用下沿一定滑动面（或滑动带）整体向下滑动的物理地质现象。地表水和地下水的作用以及人为的不合理工程活动对斜坡岩体、土体稳定性的破坏，经常是促使滑坡发生的主要因素。在露天采矿、水利、铁路、公路等工程施工中，滑坡往往危害严重。

【泥石流】Mud-rock flow

山体突然爆发的饱含大量泥沙、石块的洪流称为泥石流，多见于半干旱山地高原地区。其形成条件是：山形陡峻，松散堆积物丰富，有特大暴雨或大量冰融水的流出。爆发时，山鸣地动，暴雨、雪水或冰川融水挟带固体物质沿陡坡汹涌滚流而下，其中泥沙、石块的体积含量一般在15%以上，前锋含量可高达60%~80%，历时短暂，但来势凶猛，往往能埋没农田，堵塞江河，毁坏路基桥涵等建筑物，具有极大的破坏力。

【地面沉降】Land subsidence

大面积地面下沉现象称为地面沉降，主要指大城市地区发育的一种工程地质现象。地面沉降的原因有地壳运动、海平面上升、自然压密、建筑物荷重、煤及天然气的开采、大量抽取地下水以及其他人为因素。事实证明，引起城市地面沉降的主要原因与过量开采地下水有关。地面沉降对生产和人民生活都有很大影响。建筑物可能因下沉而不能使用。在沿海城市，地面沉降可能引起海水倒灌。

【水土流失】Water-soil loss

在山区、丘陵区，由于雨水不能就地消纳，顺着坡沟下流，冲刷土壤及其母质，使水分和土壤同时流失的现象称为水土流失。其主要原因有土地利用不当、坡面陡峻、土质松散、地表植被不良、耕作技术不合理及滥伐森林等。水土流失对山区农业生产、地下水位下降、水旱灾害及下游河道淤塞带来严重危害。

第二篇　地质游览

一、世界地质公园地质广场 Geological Square of Funiu Mountains World Geopark in China

主题广场位于西峡县丹水镇312国道与丹阳公路交会处。占地33700平方米，主要由广场、文化墙、椭球体、主题碑等组成。

主题广场以地球生命演化发展的时空坐标轴线为主题。最北缘，用雕刻艺术形式表现地球生命演化发展历史，突出与恐龙有关的生物演化事件。平面上，划分为“太古宙”、“元古宙”、“古生代”、“中生代” 及“新生代”五部分。中生代区块，以带有恐龙和恐龙蛋的主题碑为主题，其北侧半圆形文化墙正面，着重表现恐龙初显的三叠纪、繁盛的侏罗纪及走向衰亡灭绝的白垩纪的丰富多彩的生物演化史；墙背面，将埃迪卡拉动物群、澄江生物群、热河生物群等重要的生物演化历史事件用雕刻艺术形式加以再现。让人们从生物界绵延不断、生生息息的演化历史长河中，去深刻认识和体味大自然的客观规律，获得学习科学、认识自然并尊重自然规律的启迪。

广场四周为绿化带。石材铺地部分，自北向南表述由远至近的地质年代。广场西部自北向南依次为太古宙（46亿年至25亿年）、元古宙（25亿年至5.43亿年）、古生代（5.43亿年至2.5亿年）、中生代（2.5亿年至6500万年）、新生代（6500万年至今）等五座文化墙。其南为管理说明、园区导游图、综合说明三座文化墙。

Geological Square of Funiu Mountains World Geopark in China

The theme square stands at the junction between national road No.312 and Danshui—Yangcheng road, Danshui town, Xixia County. The engineering construction covers an area of 33 700 m^2. It mainly consists of the square, cultural wall, spheroid and theme tablet.

The theme square takes the space-time coordinate axis of the evolution and development of life in the Earth as the theme conception. At the northern margin the evolution and development history of life in the Earth is showed with the forms of cutting art, which pays more attention to the organic evolution events about the dinosaurs. The square is divided in plane into Archean Eon, Proterozic Eon, Paleozoic Era, Mesozoic Era and Cenozoic Era. In the Mesozoic block, the theme tablet takes the dinosaurs and dinosaur eggs as the subject. In the north , the face of semicircular cultural wall shows the rich and varied organic evolution history of Mesozoic: the Triassic period of the dinosaur origin, the Jurassic period of the dinosaur flourishing and the Cretaceous period of the dinosaur from the flourishing tending to extinction. The back reproduces through cutting art the important historical events about organic evolution such as the Ediacara fauna, Chengjiang biota, Jehol biota and so on. All these will lead us to understanding profoundly the objective law in the Nature, edify us to study actively the science and to have a high regard for the Nature and the natural law from the continuous birth-death evolution history of the organic sphere.

The green belt surrounds the square and the ground with harden surface is in the middle, which show the geological age in ascending order from north to south. Five cultural walls are located in the west of the square, which are Archean Eon (4600Ma up to 2500Ma ago), Proterozic Eon (2500Ma up to 543Ma ago), Paleozoic Era (543Ma up to 250Ma ago), Mesozoic Era (250Ma up to 65Ma ago) and Cenozoic Era (65Ma up to now) respectively. At the south there are three cultural walls: administrative regulations, the guide map and comprehensive introduction.

主题碑位于广场的正中心，是广场的最高点，标高11.0625米，它代表着雄浑壮美的伏牛山，其正面的恐龙和恐龙蛋雕刻代表园区最珍贵的地质遗迹。

二、恐龙遗迹园 The Park of Dinosaur Heritages

西峡恐龙遗迹园位于河南省西峡县丹水镇三里庙村，是中国伏牛山世界地质公园和南阳恐龙蛋化石群国家级自然保护区的重要区域和核心景区。主要由地质科普广场、恐龙蛋化石博物馆、恐龙蛋原址展馆和仿真恐龙园四部分组成，是一个集科普、观光、娱乐、科研于一体，将史前生物和现代科学紧密结合的大型恐龙遗迹公园。

恐龙蛋原址展馆的蛋化石层是西峡盆地较高层位的产物，已剥露的蛋化石达1000多枚。西峡盆地的恐龙蛋化石，以其数量大、种类多、分布广、保存完好和鸭嘴龙类、肉食龙类等恐龙骨骼的发现堪称“世界之最”，被誉为继“秦始皇陵兵马俑”之后的世界第九大奇迹。恐龙蛋化石博物馆淳朴自然、品位高雅，由中央大厅、恐龙蛋及其骨骼化石展厅、动感影院、时空隧道、仿生恐龙园五部分组成。西峡恐龙蛋化石群的特点是：数量大，分布面积广，类型多样，埋藏集中，原始状态好，赋存层位多，多种蛋化石并存，蛋与骨骼化石共生，地层剖面完好。恐龙遗迹承载着史前时代生命科学的重要信息，期待着人类去破解恐龙灭绝之谜。

The Park of Dinosaur Heritages

It is located at Sanlimiao Village, Danshui Town of Xixia County, Henan Province , which is a vital region and a core scenic spot for Funiu Mountains World Geopark and Nanyang Dinosaur Egg Fossil Group National Nature Reserve. It consists of the square of geological popular science, the museum of dinosaur eggs , the exhibition hall of original dinosaur eggs and the coppied dinosaur park. It is a large park of dinosaur heritages featured by popular science, sightseeing, entertainment and scientific research, which combines prehistoric organism and modern science.

Egg fossil formation from the exhibition hall is the product of higher strata in the Xixia Basin and more than 1000 egg fossils have been denuded. The egg fossils in the Xixia Basin are characteristic of large quantity, great variety, wide distribution, perfect preservation, and the discovery of dinosaur skeleton of *Hadrosaurus* and *Carnosaurus*, which can be regarded as the tops of the world and which is reputed as the ninth wonder of the world after the terra-cotta warriors and horses of Emperor Qin. The museum of dinosaur egg fossils consists of the central hall, the exhibition hall of dinosaur egg and skeleton fossils, innervation cinema, space-time channel and bionic dinosaur area. It is simple, natural and elegant. The dinosaur egg fossil group at Xixia County possesses the following features: large quantity, wide distribution, great variety, concentrated burial, original shape, more egg fossil strata, coexistence of several species of egg fossils, symbiosis of egg and skeleton fossils, and perfect stratigraphic section. The Park of Dinosaur Heritages records the important information of prehistoric life science, which helps mankind find out the truth of the mass extinction of dinosaur fauna.

【恐龙蛋化石博物馆】The Museum of Dinosaur Eggs

原地埋藏的西峡长圆柱蛋（西峡）

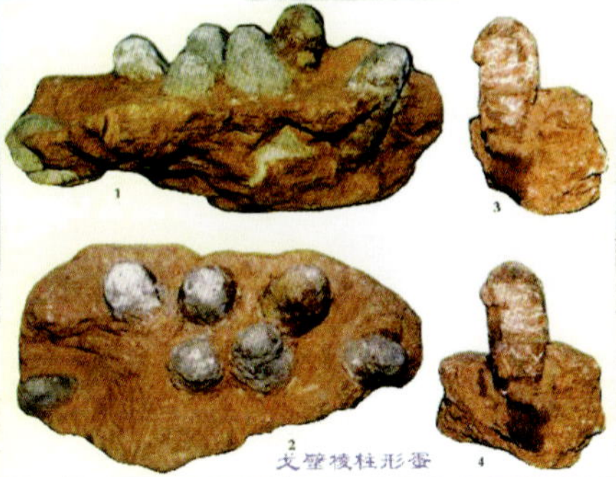

戈壁棱柱形蛋

【恐龙蛋原址展馆】The Exhibition Hall of Original Dinosaur Eggs

【仿生（真）恐龙园】The Coppied Dinosaur Park

副棘龙（副栉龙）

似鸵鸟龙（似鸵龙）

食肉牛龙（牛龙）

鸭嘴龙

镰刀龙

包头龙（优头甲龙）

棘龙

霸王龙

戟龙

西峡巨型长形蛋（西峡长圆柱蛋）

三、老界岭景区 Laojieling Scenic Spot

老界岭森林生态花岗岩地貌景区

巍巍八百里伏牛山，拔地腾霄，群峰横空，林海苍莽，气势磅礴。它是中国地质、地理的天然分界线，气候的过渡带，长江、黄河及淮河流域的分水岭。景区内，海拔1800米以上的山峰15座，擎天峰、独秀峰、神女峰、九珠峰，群峰竞秀、层峦叠嶂，主峰犄角尖海拔2212.5米，是伏牛山最高峰。

景区位于距今约1亿年的二长花岗岩上，花岗岩体铸就了伏牛山东西向展布的脊梁。坚硬的花岗岩由于垂直节理发育，在伏牛山1亿年来的抬升中，经长期沿节理、裂隙的风化侵蚀，形成山势陡峭、峰丛凌空、峡谷纵横、壁立千仞的奇特地貌景观。其间的象形地貌“伏牛山神”、“唐僧取经”、“睡美人”、“情人峰”、“骆驼峰”等，秀丽壮观，造化神奇，令人叹为观止。

苍翠的老界岭原始森林内，有植物2879种、中草药1200多种、珍禽异兽400余种。其中，香果树、连香树、红豆杉、水青树、银杏、水杉、杜仲、黄柏、杜鹃等，古老珍稀，堪称国宝。放眼远望，伏牛烟云，群峰叠翠，古木参天，云蒸霞蔚。拾级游览，奇峰摩天，山花烂漫，鸟语花香，气象万千。园区内年平均气温8.5℃，清风如水，夏凉如春，是难得的避暑“天堂”。

风光醉人的老界岭，四季景色异彩纷呈。春天万木峥嵘，百花竞开；夏日绿荫荡漾，飞瀑竞泻；金秋满山红遍，飞叶流丹；寒冬银装素裹，玉树琼花。老界岭将你带进那绚丽多彩的“天然公园”、如梦如幻的人间仙境。

Laojieling Silvical Granite Landform Scenic Spot

The 400 kilometres long Funiu Mountains is the natural boundary on geology and geography, the climate transition belt and the topographic divide among Changjiang, Huanghe and Huaihe Rivers. There are 15 peaks with an elevation of over 1800m in the scenic spot such as Qing Tian Peak, Peak of Unique Beauty, Goddess Peak, Nine Pearl Peak etc., and the peaks contend in beauty with each other and range upon range of hills. The Jijiaojian Peak, the highest of Funiu Mountains, is at an elevation of 2212.5m and like a crane standing among mountain peaks.

The scenic spot is located on the monzonitic granite about 100 million years old. The granite massif has founded the ridge of Funiu Mountains E—W extending. Because of the development of vertical joints in solid granite and after having experienced long time weathering and erosion along the joints and fissures during uplifting since 100 million years ago, the unique geomorphologic landscapes with sheer peak clusters and sheer valleys have been formed. The figurative landforms, such as "Funiu Mountain God", "the Tang monk acquired Buddhist scriptures", "Sleeping beauty", "Lovers Peak", "Camel Peak" etc. are beautiful and magnificent, and are acclaimed as the acme of perfection.

In verdant primitive forest of Laojieling there are 2879 kinds of plants including over 1200 kinds of Chinese herbal medicine and over 400 kinds of rare birds and animals. Among them the *Emmenopterys henryi*, *Cercidiphyllum japonicum*, *Taxus chinensis*, *Tentracentron sinense*, *Gingko biloba*, *Metasequoia glyptostroboides*, *Eucommia ulmoides*, *Phellodendron amurense*, *Rhododendron simsii* etc. are all rare and age-old trees, and may be rated as the national treasures. Looking far into the distance, you can enjoy a wonderful panorama: Funiu mists and clouds, the skyscraping wonderful peaks, the towering old trees and the bright mountain flowers in full bloom. The annual average temperature in the geopark is 8.5℃. It is a rare summer resort.

In Laojieling, the intoxicating landscapes all the year round are the radiant splendor. In spring, ten thousand trees towering high and a hundred flowers contend in beauty; in summer, the lush scene of all over the mountains; in autumn, the red autumnal leaves obscure the sky; in winter, the magnificent northern scenery and the snowy field. Laojieling will lead you into the dreamy fairyland on earth.

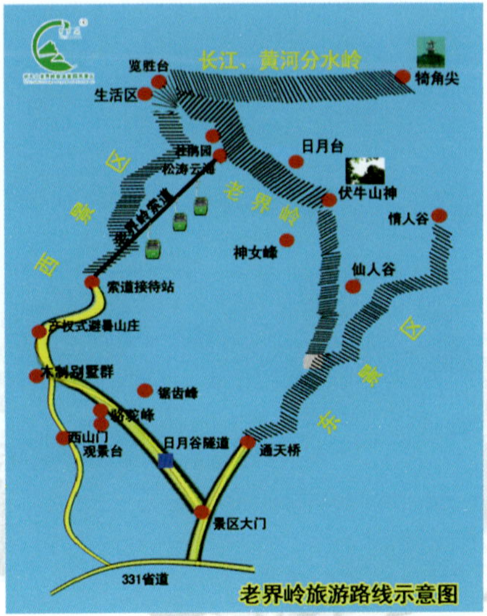

【奇特的构造剥蚀地貌景观】Unique Tectonic Denudation Geomorphologic Landscapes

进入老界岭景区，气势磅礴的伏牛山主峰——犄角尖迎面而来，这里群峰竞秀、层峦叠嶂、峡谷纵横、林海苍莽。绚丽多彩的景色吸引着游客满怀激情地奋勇攀登，渴望尽快融入“登伏牛极顶、俯瞰中原山水，临界岭胜地、纵览天然风光”的神韵意境，在大自然中得到心灵的陶冶。

奇峰异谷的天然景色，由距今约1亿年的花岗岩构成。垂直节理发育的坚硬花岗岩，在6500万年以来“喜马拉雅运动”造成的伸展抬升中，经长期风化侵蚀，形成今日奇特的构造剥蚀地貌景观。

靳学义 摄影

【"远古"的山崩遗迹】The Landslide Heritages of "Ancient Times"

沿登山步道拾级而上，巨大的花岗岩石块密集地堆砌在西侧的悬崖下及峡谷中。石缝间树木丛生、藤缠蔓绕，形成怪石嶙峋、茂林滴翠的天然屏障，使神秘莫测的崇山幽谷更加令人神往。

怪石嶙峋的花岗岩石块，由垂直节理发育的花岗岩体在6500万年以来的伏牛山伸展抬升中裂解、崩塌、堆积而成，是"远古"时期山崩的见证。

【六千万年前的地质灾害——山体滑坡】The Geological Disasters of 60 Million Years Ago—Landslip of Mountain Mass

1亿年前，在中国中央造山带伸展隆升及东西向裂解时期，占据造山带重要构造部位的八百里伏牛山，产生了花岗岩浆侵入和以逆冲推覆、走滑为主的断裂活动，伏牛山主峰地区的"老君山花岗岩体"（1.14亿年）在此时就位。

6500万年来，伏牛山地区受青藏高原隆升及太行—武陵中国第一重力梯度带相关地质作用的影响，在进一步隆升中使花岗岩节理及断裂面脱位下滑，形成山体滑塌。

照片中斜靠母体的山头，即为滑塌的山体。

【花岗岩的构造节理】The Structural Joint of Granite

节理：把岩石分割成具有一定几何形状岩块的裂隙系统。

原生节理：产生在岩石成岩过程中的节理。

构造节理：岩石成岩后，在构造运动作用下形成于岩石中的节理。

照片中的花岗岩产生有近垂直、近水平、陡倾斜三组节理。其中陡倾斜者为构造节理，它与伏牛山地区大的构造形迹（逆冲推覆带、断裂带等）有密切的成因联系。

【云蒸霞蔚的峡谷风光】The Magnificent Canyon Landscapes

置身景区腹地，构造剥蚀形成的大峡谷幽深险峻，使人惊心动魄；花岗岩构架的奇峰异景妙趣横生，令人心旷神怡。

举目远眺，峰丛、绝壁、峡谷、深涧。环顾四周，苍松、密林、绿叶、山花。依石休憩，清泉、瀑布、激流、碧潭。峰岭苍茫茫，幽涧水叮咚。大自然的鬼斧神工把景区雕琢成云蒸霞蔚的华夏奇观。

【含情解颐情人谷】Lovers´ Valley

情人谷是景区腹地通向伏牛之巅——犄角尖（海拔2212.5米）的峡谷，呈东西向延伸，谷底与峰顶高差800米。

深邃的情人谷安谧幽雅，没有城市的喧嚣和浮躁。携手信步，峰峦层层翠，碧水潺潺流，山水含情，草木解颐。游览其中，观云卷云舒，听松涛鸟鸣，获山水之怡，得林泉之趣；心扉缓缓开启，忧烦淡淡散去；寻求恬静的遐想，憧憬相濡以沫、眷注悠长的未来。

情人谷，浪漫的诗，立体的画，梦幻中的仙境。

【伏牛之巅——犄角尖】The Summit of the Funiu Mountains—Jijiaojian Peak

站立仙人谷第一观景台凭栏东眺，伏牛山最高峰犄角尖横于天际，凌空屹立、气势磅礴。

犄角尖海拔2212.5米，屹立于西峡、嵩县、栾川三县交界处，是河南省第二高峰（小秦岭老鸦岔脑海拔2413.8米）。登高遥望，八百里伏牛烟云，苍苍茫茫，一望无际，可谓“会当凌绝顶，一览众山小”。

【“送子观音”】"Son-delivered *Buddhism* Guanyin"

从仙人谷第二观景台仰望，峰峦之巅云蒸霞蔚、松柏披虹。紫气升腾处，怀抱娇婴的“送子观音”飘然而至，给八百里伏牛的生灵带来祥和与繁荣。

“送子观音”是原生和次生节理十分发育的花岗岩（约1.14亿岁年龄）经风化剥蚀而成，属象形石类地质遗迹。

【构造碎裂岩带】Structural Cataclastite Zone

仙人谷和情人谷是沟通神女峰和玉皇顶的两条峡谷，前者在西，后者在东，首尾相接，相互对应，横贯景区。两条峡谷是造山带后造山期由北向南逆冲推覆的应力作用造成的岩石碎裂带，经风化侵蚀而成峡谷地貌。

犄角尖、玉皇顶及区内诸峰岩石中向北倾斜的节理组合，即逆冲应力作用所致。沿应力作用产生的岩石碎裂带长期风化侵蚀，造就了伏牛山诸峰北缓南陡的地貌特征。

【奇异的峰墙地貌】Unique Peak Wall Landform

仙人谷南侧的山脊，紧邻构造碎裂岩带，岩石中原生节理和受构造影响形成的无定向裂隙十分发育，经风化剥蚀易形成拟人拟神的象形石和奇异的峰墙地貌。

【“伏牛山神”】"The Funiu Mountains God"

自仙人谷攀登神女峰的关隘处，屹立着一尊气宇轩昂、威风凛凛的“伏牛山神”。别看他一眼紧闭、一眼微睁，却能洞察妖魔鬼怪，识别腐败奸佞，震慑魑魅魍魉，铲除世间不平。

“伏牛山神”由1.14亿岁的花岗岩沿无定向裂隙剥蚀风化而成。他是大自然的守护神，永保一方平安。

【伏牛览胜】Splendours of Funiu Mountains

登临览胜台，观玉皇顶、犄角尖横空出世，高耸天际，绝壁悬崖间云飞雾走，奇峰异谷中茂林叠翠。览老君山西天凌挂，群峰耸峙，鳞次栉比，连天烟云尽收眼底。

巍巍八百里伏牛，层层山峦，层层云烟，层层苍茫，层层碧绿。雄、奇、险、秀、幽的绝妙景色一望无际。

【解颐谷】Narrow Gorge

解颐谷是谷坡陡峻、深度大于宽度的嶂谷，在山体抬升与流水下切作用相协调的条件下形成。

谷内茂林滴翠、藤缠蔓绕、深邃恬静、安谧幽雅，是消除束缚、休养颐神的人间仙境。

【锯齿峰】Sawtoothed Peak

锯齿峰以陡峭险峻、形若锯齿而得名。它是1.14亿岁的花岗岩，受造山带后造山期逆冲推覆构造的应力作用，产生了陡、缓两组构造节理，经长期风化剥蚀，外部岩块崩解垮落，留下北缓南陡、形似锯齿的独特山峰。

【驼峰崖】Camel-liked Precipice

驼峰崖是由垂直节理较为发育的花岗岩组成的，岩石抗风化、抗冲刷能力强。在山体抬升过程中，下切的流水与花岗岩垂直节理面近正交，难使其剥蚀后退，仅沿节理面成片剥落。随着山体抬升，剥落碎片被流水带走，即成为凹面绝壁。

【花岗岩陡立节理与崩塌岩块】
Steep Joint and Avalanche Blocks of Granite

此处在1.14亿年岁龄的花岗岩中，发育着近垂直和近水平的两组原生节理。岩石裸露地表后，经长期风化剥蚀，逐渐沿节理产生双向裂解，当裂解岩块的重量使裂隙难以维系时，即坠落于谷底，形成怪石嶙峋的景观。

老界岭 犄角尖

四、耍孩关景区 Shuahaiguan Scenic Spot

伏牛山腹地的幽谷秀水——耍孩关

发源于老君山（海拔2192米）的长探河，“闯关斩隘”，自北向南急泻而下，它切穿燕山晚期（距今1.2亿年）的二长花岗岩岩体时，下切速度与山体抬升速度协调，河曲保持原始的弯曲形式，造就了山地峡谷和深切曲流的地貌景观。

长探河畔的耍孩关，隐匿于层峦叠嶂的群峰深处。探秘览胜，踏急流飞瀑，跨幽谷碧潭，游乐于茂林滴翠的青山绿水间，陶醉在诗情画意般的溪涧翠谷中。山水画般的旖旎风光，让你心旷神怡，激起你对美好未来的憧憬。

Shuahaiguan—A Beautiful Canyou in Mt.Funiushan Hinterland

The Changtan River rises in Mount Laojun (2192 metres above sea level). The river flows with a lively current from north to south. When it has cut through the Late Yanshanian movement monzonitic granite rock mass,the speed of river downcutting and the rate of mountain mass uplift is coordinative. As a result the bend has kept the original shape, which has shaped the geomorphologic landscapes of valley and incised meander in mountainous region.

Shuahaiguan situated on the riverside of the Changtan River is dimly visible in the depth of mountain peaks of range upon range of hills. Here you can probe the mysteries of the nature and visit scenic spots, walk among the torrential currents and cliffside waterfalls, stride across the deep and secluded valley and green ponds. The dense green forest, the blue mountains and green waters and the green valley of the Land of Peach Blossoms, and the enchanting scene like mountains-and-waters painting would make you carefree and happy and arouse yearning for the beautiful future.

【地质作用雕琢的山水景观】

Mountains - and - Waters Landscape Carved by Geologic Process

耍孩关景区坐落在距今1.2亿年由内动力地质作用所形成的花岗岩体上。已产生了原生节理的花岗岩，经后期的构造作用又产生了新的构造节理和劈理带。地表水沿着节理和劈理带（岩石中的裂隙系统）不断地侵蚀（外动力地质作用），使得花岗岩体表面形成线形沟槽，地表水和泉水汇聚于沟槽内流动、侵蚀切割，逐渐形成小溪和河流。在地壳抬升（内动力）和河流下切（外动力）的共同营力作用下，最终使其成为深切曲流和崇山峡谷的独特地貌景观。

大自然的神力无与伦比，地质营力作用的雕刻刀在伏牛山中雕琢出北国江南的神奇秀水画卷。

【峰峦叠嶂 清溪碧潭】Beautiful Hills and Waters

老君山是八百里伏牛的主峰之一，巍峨挺拔，云横万里，郁郁葱葱，植被发育。植物根系涵养的潜水和岩石裂隙中的滞水汇聚成清泉、小溪，涓涓流淌，于黄石庵附近汇集成了河流，这便是长探河的源头。

长探河上游完全保持着原始的生态环境，青山层层翠，溪水湾湾清。鳞次栉比的峰峦，蜿蜒盘曲的溪涧，湛蓝湛蓝的天空，白云缭绕的绝壁，这便是长探河上的明珠——耍孩关。

古人云：耍孩关，秀色可餐。

【远古的地质灾害——崩塌】

Geological Disasters in Remote Geologic Time—Avalanche

距今6500万年前的“喜马拉雅运动”，使已就位的二长花岗岩体向上抬升，长探河沿构造裂隙下切，在岩体上冲刷侵蚀形成峡谷。

峡谷两侧的花岗岩发育有水平、垂直及倾斜三个方向的节理组合及构造裂隙。受“喜马拉雅运动”的应力作用影响，峡谷绝壁上不稳固的花岗岩沿着节理和裂隙劈开，形成巨大的岩块崩塌滑落于陡壁下，成为远古的地质灾害遗迹。

在棚架的崩塌岩块下，清理出地下长廊，曲径通幽，别具一番情趣。

【观景台的来历】The Background of the Scenery-Watching Stand

沿弯曲的游览步道拾级而上，登临绿树环抱的观景台，脚下壁立千仞，湍急涧溪竞相奔流，眼前层山叠翠，深谷幽峡云飞雾走，使人顿生“绿野仙踪”的遐想。

构架观景台的岩石是已有1.2亿年的花岗岩，它本以山巅为家，在地壳运动造成的山体抬升时，沿构造裂隙滑塌于此。

【构造裂隙】Structural Fissure

裂隙：岩石中的破裂面或裂缝。

构造裂隙：由构造作用在岩石中产生的裂隙。

要孩关景区河流两岸的花岗岩崖壁上，构造裂隙举目皆是。正是这些裂隙的存在，山体在长期的风化、剥蚀过程中，容易沿裂隙裂开、滑塌，再经过搬运、堆积等地质作用，使要孩关的地貌形态不断地变幻着模样。

【观瀑台上赏石瀑】Viewing and Admiring Stone-Waterfalls on Waterfall-Watching Stand

登上观瀑台，从绿树丛中眺望对岸崖壁，三"挂"瀑布呈"品"字形悬于半空，在阳光下熠熠生辉。赏心悦目的景色令人陶醉。

映入视野的瀑布称"石瀑"，是植被根系土壤中的潜水、岩石裂隙中的滞水和自然降水长期冲刷崖壁留下的痕迹，形似瀑布，惟妙惟肖。

【耍孩关峡谷】Shuahaiguan Canyon

峡谷：指谷坡陡峻、深度大于宽度的山谷。它通常发育在构造运动抬升和谷坡由坚硬岩石组成的地段，当地壳抬升速度与下切作

用协调时，最易形成峡谷。中国的长江三峡就是世界闻名的大峡谷。

耍孩关峡谷的谷坡由年龄达1.2亿年的花岗岩组成。峡谷是在6500万年以来伏牛山抬升和河流下切的长期作用下形成的。

幽深的峡谷，清澈的激流碧潭，古朴的砾石路与栈道，在绿树蓝天的掩映下，呈现出一派原始的自然生态。

【天然造化的"巨趾"】Natural " Huge Toe "

突兀潭边的花岗岩，由于垂直节理发育，且近平行、等间距排列。受上部潜水和自然降水的侵蚀，沿节理形成沟槽。河水的侧蚀作用又把沟槽之间的突起蚀为弧状，就成了惟妙惟肖的脚趾形状。

世间万物，天造地设。这浑然天成的"巨趾"，能给您什么样的启迪？

【罕见的席状节理】The Rare Sheet Joint

席状节理又称席理构造或释重节理，它是由于解除围压和载荷的释压作用而形成的一类近于水平的破裂或节理。一般认为是岩石从深处上升到表层时上覆岩石不断遭受剥蚀而减压、岩石发生弹性应变回跳而形成的一种张节理。

具席状节理的花岗岩，经风化和流水侵蚀后呈现罕见的层层席状，恰似一幅别具一格的山水画，给人以美的享受。

【“三兄弟”的选择】The Choice of “Three Brothers”

远古时期，山顶的花岗岩家族中有“兄弟”三个，老大粗壮敦实，老二胖瘦适中，老三小巧精灵。“三兄弟”相处和睦，安居乐业。

伏牛山构造运动发生了，“三兄弟”的家园被构造裂隙分割，在即将向山下崩塌之际，老大说：“不管到哪里，都要做有用的石头”。老二说：“要敢作敢为”。此时，天崩地裂，崩塌过程中依稀听到老三的喊声：“看我的吧……”

构造运动过后，老大斜倚在山根处，留下空隙供人们走道、休息、避雨。老二昂立于河中央，成了中流砥柱。老三嵌于河流的隘口，抵挡陡涨的河水。

尊敬的游客，您对“三兄弟”的选择作何评价？

【劈理带】Cleavage Zone

构造作用使岩石产生的密集平行排列的次生断口面称为劈理。沿着劈理面可将岩石劈裂开来。

多组劈理呈带状展布，称为劈理带。照片中的劈理带是花岗岩的脆弱部位，破裂的岩块易被风化、侵蚀，并可被搬运至异地，从而形成沟槽甚至峡谷地貌。

【共轭节理】Conjugated Joints

共轭节理又称“X”节理，是岩石在同一应力作用下沿着共轭剪切面产生的两组交叉的节理。

共轭节理常将岩层或岩体切割成菱形块，是棋盘格式构造的一种。

五、五道礓景区 Wudaozhuang Scenic Spot

中原明珠——黄花墁五道礓峡谷景观

位于伏牛山腹地的黄花墁，雄峰凌空，峡谷深邃，层峦叠嶂，云蒸霞蔚，瀑潭珠连，清泉碧水，山花烂漫，茂林滴翠，不愧为“中原明珠”。五道礓乃黄花墁之一峡，它头枕墁顶坪、脚抵双龙河，壁立千仞、蜿蜒蟠曲。激流越峡谷飞泻而下，连“礓”五关，关关遇悬崖，跌水成瀑，冲刷出别致的“壶穴”；礓关即转弯，回旋处造就了碧水深潭、翠竹沙滩。天公的神来之笔把五道礓雕凿成雄、奇、险、秀、幽的如画景观。

形成于距今1亿年的黄花墁花岗岩体是中国中央造山带造山期后伸展抬升阶段的产物。由于地壳应力场的不均衡作用，黄花墁地区深部的花岗岩浆向上侵位，形成了雄浑圆润的黄花墁岩体。岩体经构造隆升、断裂错位、风化剥蚀、冲刷切割等地质作用，逐渐演化成现今的峡谷地貌。

五道礓是沿断裂构造经冲刷侵蚀形成的谷坡陡直、深度大于宽度的深山峡谷——嶂谷。沿峡谷溯源而上，抵达海拔千米的山间洼地“卢一渠”时，使人豁然开朗，层层梯田、流水潺潺、鸟鸣鸡叫、农舍炊烟，俨然一幅世外桃源般的风光。墁顶的河源湖——“天湖”，属无河流注入的排水性湖泊。湖面如镜，碧波涟涟，密林环绕，白云蓝天。五道礓，山雄、水秀、石奇、峰险。美哉，五道礓！妙哉，黄花墁！

Bright Pearl of Central Plains —Huanghuaman Wudaozhuang Canyon Landcsape

Huanghuaman is located in the hinterland of the Funiu Mountains, where there are grand towering peaks, deep valleys, range upon range of hills, magnificent, linked flying waterfalls and deep pools, cool springs and clears blue water, bright mountain flowers in full bloom and dense green forests. It is worthy of the bright pearl of Central Plains. Wudaozhuang is one of valleys in Huanghuaman, which rests its head on Mandingping and puts its feet against Shuanglong River. Along the valley the torrents are rushing down and have successively bumped against five passes composed of upright overhanging cliffs. The torrents have fallen from the knick point and formed the waterfalls, and scoured out unique "potholes" and at the bend carved deep pools and sand beach surrounded by green bamboos. An inspired work of nature has carved Wudaozhuang into a steep and imposing, wonderful, precipitous, beautiful, deep and secluded picturesque landscape.

Huanghuaman granite mass formed one hundred million years ago during the postorogenic extension and uplifting of the Central Orogenic Belt in China. Because of the unbalanced process of the crustal stress field, the deep-seated granite magma emplaced upward and formed the forceful round Huanghuaman massif. After having experienced different geological processes such as the structural uplifting, faulting and dislocation, weathering and denudation, washing and dissection, it has gradually formed the present canyon landform.

Wudaozhuang is a narrow gorge, which formed through long-term washing and corrading along the faulting structure. Headward upward along the gorge, at about elevation of 1000m above sea level, you will see an intermontane depression—"Luyiqu", which would make you to see an open space. The high mountains and the white clouds, the murmuring stream, the layer upon layer terraced fields, the song of birds and the crow of cocks, the village houses and the smoke from kitchen chimneys, all these form a scene like a "the Land of Peach Blossoms". The headstream lake on the top of Huanghuaman, named "Heaven Lake", belongs to the drainage lake, which no rivers pour in. The lake water looks like a mirror reflecting white clouds and blue sky, the vast expanse of blue water and surrounded with green dense forests. In Wudaozhuang, there are mountains steep and imposing, waters beauty, stones wonder, peaks precipitous. How beautiful, Wudaozhuang! How wonderful, Huanghuaman!

【神奇的五疃峡】Miraculous Wuzhuang Canyon

进入景区，一条谷坡陡直、壁立千仞的大峡谷扑面而来，两壁峰林横空、茂林滴翠，谷内瀑潭珠连、云蒸霞蔚，这就是闻名遐迩的五疃峡。它将把您带入激流竞泻、泉悬瀑飞、翠竹沙滩、碧潭秀水的人间仙境。

构成五疃峡的岩石是有1亿年年龄的花岗岩。距今6500万年前后，随着伏牛山区的伸展抬升，五疃峡一带产生断裂和破碎，风化剥蚀和流水侵蚀便有“隙”可乘，五疃峡被逐渐侵蚀切割成今日的峡谷景观。

游览五疃峡，将使您心旷神怡。

【一道礅与玉女潭】Yidaozhuang Cliff and Jade Maiden Pool

奔腾呼啸的五礅河水进入刀棱山下的深峡后向东转弯，“劈开”节理发育的花岗岩，穿越隘口的裂点，跌入悬崖之下，形成一道礅瀑布及玉女潭流水地貌景观。

玉女潭为瀑水淘蚀的壶穴，由于山崩堆积物在下游形成天然堤坝，横向阻塞河道，使壶穴周围壅水而成堰塞湖。堰塞湖上游悬崖陡立，进峡者“如礅绝壁”，故称一道礅。

一道礅瀑布及玉女潭的年龄逾6000万年。玉女潭碧波潋滟，如镶嵌于峡底的翡翠；一道礅瀑水飞泻，崩珠撒玉，似垂挂于绝壁的银帘。其迷人风光使人流连忘返。

【清幽的“碧粼湖”】Quiet and Beautiful “Bilin Lake”

刀棱山下的五礅峡平直狭窄，悬崖百丈。隘口处修建漫水坝后汇聚满峡碧水，碧波粼粼、深不见底，取名“碧粼湖”。

“碧粼湖”湖水来自五礅河，五礅河的源头是黄花墁顶的“天池”，“天池”的水由花岗岩节理和裂隙中的滞水及残坡积物下的潜水补给，水质上佳、清冽甘甜。游览时，请保护“碧粼湖”生态环境免遭污染。

【千万年前的山体崩塌】
Avalanche of Millions upon Millions of Years Ago

距今6500万年的地壳运动——“喜马拉雅运动”，使已具雏形的黄花墁向上抬升，沿五𥕢河的断裂破碎带经构造剥蚀和流水冲蚀成为峡谷。峡谷两侧的花岗岩发育有水平、垂直及倾斜三个方向的节理和不规则的构造裂隙，“喜马拉雅运动”的应力作用，使峡谷绝壁上不稳固的花岗岩沿着节理和裂隙劈开，形成巨大的岩块，崩塌滑落于峡谷中，成为千万年前的山体崩塌遗迹。

【落玉潭与金沙滩】Jade-dropping Pool and Gold Sandy Beach

东来的五𥕢河水𥕢开“山门”形成百丈连环瀑呼啸而下，受刀棱山绝壁阻挡向北转弯，急流回旋处淘蚀出巨型壶穴积水成潭，潭水受瀑布冲击而迸珠洒玉，故名“落玉潭”。

丰水期的雨季，流经花岗岩体的五𥕢河水携带岩石碎屑跌入“落玉潭”，急流盘旋后流速骤减，携带的岩屑被抛滞于旋流外侧的悬崖下，经长年累月的荡涤，成为熠熠闪光的“金沙滩”。

“落玉潭”与“金沙滩”的搭配精妙绝伦，深藏于茂林翠竹环抱的幽谷中，身临其境、感慨万千。

【罕见的流水地貌景观】Rare Flowing Water Geomorphologic Landscape

在二道礓水边仰望，瀑布与湍急涧溪凌空而降，两侧崖壁陡峭险峻，若无栈道沟通，难以沿峡而上，二道礓之险峻为五道礓之最。

二道礓峡谷是五礓河河水沿花岗岩原生节理冲刷切割成峡的典型实例。南来的河水遇岩壁后顺岩石原生节理及其两侧的裂隙向西冲刷，逐渐搬运走阻挡流水的岩石碎块，周而复始，滴水穿石，形成峡谷，并顺节理冲蚀出深深的水槽，为世人留下流水地貌景观的见证。

【瀑布与壶穴】Waterfall and Pothole

瀑布：河流流经局部呈悬崖式河床时的一种河水倾泻现象。

壶穴：又称瓯穴、锅穴，指河床的基岩上形成的近似壶形的凹坑。由急流旋涡夹带砾石磨蚀河床或瀑布、跌水淘蚀河床而成。

地壳长期稳定时，河床较为平缓。若地壳运动发生、河床急剧抬升时，则河流就开始从河口向上游溯源侵蚀。新形成、深切的陡峻河段与前期平缓河段的交点即成为裂点。河水在裂点处下泻而形成瀑布。瀑布淘蚀陡崖下的河床又形成壶穴。此为裂点、瀑布、壶穴的形成机理，也是独特的流水地貌景观。

【壶穴奇观——“太极穴”】

The Wonder of Pothole— "the Supreme Ultimate Pothole"

壶穴是河床上的岩石经急流漩涡携带砂砾不断磨蚀或瀑布、跌水长期淘蚀而形成的近似壶形的凹坑。

此处的“太极穴”属于急流漩涡携带砂砾长期磨蚀花岗岩（年龄：约1亿年）河床而成。神奇的是，急流的下切角度使水和砂砾成波浪状在穴中起伏对称地冲刷一圈后，又流向下游，把穴底磨蚀成阴阳对称的太极图。后因地壳抬升，“太极穴”离开水面，自然天成的珍稀流水地貌景观才得以保存。

六、龙潭沟景区 Longtangou Scenic Spot

中原一绝——龙潭沟梯式瀑布群

龙潭沟犹如一条蛟龙在伏牛山中腾跃，“龙口”向双龙河喷雾吐珠，“龙尾”于疙陡崖挥洒祥云，跌宕起伏、蜿蜒蟠曲的“龙身”，承载着气势磅礴的梯式瀑布群。“山不在高有仙则名，水不在深有龙则灵”，龙潭沟聚“伏牛老君”之仙气，集“亿年神龙”之灵秀，显现一派峡深崖峭、瀑高潭幽、石奇水澈、翠林茂密、山花烂漫的旖旎风光。

龙潭沟坐落在距今约1亿年的疙陡崖花岗岩体上，该花岗岩是在造山期后伸展抬升时由地壳深部的花岗岩浆沿构造裂隙上涌冷凝而成的。坚硬的花岗岩铸就了龙潭沟峡谷地貌的骨架；其内发育的节理、裂隙在伏牛山抬升过程中，经长期冲刷侵蚀，形成了孕育梯式瀑布群的河床。

龙潭沟在陡峭的峡谷内盘旋了19道弯，形成19个较大的“梯式”瀑布群。峡谷内大龙、青龙、白龙、黑龙、双龙、九龙等，一瀑一潭、瀑潭相连，共有大小瀑潭72个。在3公里长的龙潭沟内，落差达500多米。最大瀑布跌水落差135米，最大潭水面积800平方米。峡谷内,“八戒窥浴”、“神龟望月”、“蛟龙出海”、“绝壁挂雪”等巨型奇石千姿百态，奇妙无比。

登临观瀑台，四连梯式瀑布群的磅礴气势尽收眼底。湍急的溪水从花岗岩侵蚀裂点倾泻而下，激流如注，涛声雷鸣，浪花飞舞，龙潭披虹，整个龙潭沟恰似一幅群龙飞腾图，令人叫绝。

The Unique in Central Plains—Longtangou Terraced Waterfalls

Longtangou valley looks like a mythical flood dragon prancing in the Funiu Mountains. The mouth of the dragon sprays mist and water into Shuanglong River, his tail swings on Gedouya Cliff scattering auspicious clouds and his curved body bears terraced waterfalls with great momentum. “The mountain is famous not for its height but for a celestial being, as well as the water is famous for a dragon in it . ”Collecting the immortal souls of Funiu God and gathering the spirits of longevous God dragon, Longtangou shows off the enchanting scenes of deep valleys and steep cliffs, high waterfalls and deep pools, strange stones and clear waters, dense green forests and bright mountain flowers in full bloom.

Longtangou valley is located on Gedouya granite mass about 100 million years old. The granite mass formed because of upwelling and condensation along the tectoclase of the crustal bathy-derm granite magma during the postorogenic extension and uplift. The solid granite formed the framework of the Longtangou valley landforms. During the uplifting period of Funiu Mountains the joints and fissures in granite have experienced long-term washing and erosion and finally formed the river bed to give birth to terraced waterfalls.

Lontangou valley winds through 19 bends in precipitous valley and has formed 19 large terraced waterfalls such as Great Dragon, Green Dragon, White Dragon, Black Dragon, Double Dragon, Nine Dragons etc. Every waterfall has a pool accompanying with it and there are all together 72 waterfalls and pools. Within 3km-long Lontangou valley the fall reaches over 500m. The fall of the biggest waterfall reaches 135m. The water area of the biggest pool is $800m^2$. The unparalleled wonderful huge strange stones in the valley are in myriads of postures and shapes such as “Pigsy has a peep at the beautiful girls bathing”, “The God tortoise is looking at the moon”, “The mythical flood dragon is going out of the sea”, “The snow is hanging on the precipice” etc.

Climbing up the Waterfall-watching Stand, you have a panoramic view of the powerful “four linked terraced waterfalls”. The torrent is rushing down from the granite erosion knick into the deep pool and rapids is pouring down. The sound of waves is like thundering. The rosy clouds wrap around the dragon pool. The whole Longtangou is just like a painting of flying host of dragons. How wonderful it is!

【弧后小洋盆扩张型蛇绿岩】Back-arc Small Oceanic Basin Spreading-type Ophiolite

龙潭沟入口处出露的岩石，是在距今5.43亿～4.50亿年间华北板块活动大陆边缘扩张时期的弧后小洋盆中，由洋底火山岩及火山沉积岩共同组成的蛇绿岩。火山岩分布于疙陡崖花岗岩体以北的火神庙、大庙一带，龙潭沟口处为火山沉积岩，由黑云石英片岩、白云石英片岩、黑云斜长片岩及变粒岩等组成，岩石经历造山时期复杂的构造运动，已中深变质和强烈变形。蛇绿岩遗迹的存在，是此区当时为海洋环境的佐证。

【节理滑动镜面】Joint Slide Mirror Plane

4亿年前形成的火山沉积岩，经构造—热事件的应力作用，形成大量倾向剪节理，节理面平直且延伸较远，遇构造运动即沿节理产生滑动、位移。滑动中的温压效应，使滑动面上形成一层极薄的糜棱岩，光滑如镜，称其为“节理滑动镜面”。

滑动镜面是确定节理滑动的标志之一。滑动面两盘在相对错动时，遭受岩石碎块的挫磨而产生一端宽深、一端窄浅并逐渐消失的沟槽状擦痕。根据这些擦痕，可判断滑面两盘的运动方向。

剪节理多成群、成组出现，使坚硬的岩层易风化、破碎，龙潭沟溪流正是沿着这条“破碎带”冲刷、侵蚀，把山岭变成了峡谷。

【不同"辈分"的石英脉】Quartz Veins of Different " Periods"

此处中深变质的海底火山沉积岩中，分布着两种不同形态的石英脉。一种厚薄悬殊呈现复杂褶皱，另一种厚薄均匀呈平直产出。究其原因，乃是同质不同期的产物。

第一期构造—热事件发生，沿火山沉积岩原生节理贯入平直的石英脉。第二期构造—热事件发生，其温、压及剪切效应使前期平直的石英脉塑性流变为复杂形态。同时，变形岩层产生的次生节理和裂隙中又被贯入平直的石英脉。

结论：复杂形态的石英脉老，平直的石英脉新，后者切穿前者，二者"辈分"有别。

【憨态可掬的"熊猫石"】Lovely " Panda Stone "

进入景区，溪流边一只巨大的"熊猫石"映入视线，它想把游客带往如画的仙境，憨态可掬的气质令人叫绝。

"熊猫石"是距今1亿年的花岗岩，在伏牛山抬升的构造运动中沿原生节理裂开，崩塌于山谷中，经流水长期冲蚀而成。

"熊猫石"是天工开物时留给人类启迪智慧的一具小品。

【千万年前的山崩遗迹】

Landslide Heritages of Millions upon Millions of Years Ago

茂林环抱的山谷中，无数巨大的岩块稳坐谷底，错落有致，鳞次栉比，风吹浪打，巍然不动，故取名“群英会”，独成一景，令人无限遐想。

众位“英雄”，均是有1亿岁年龄的花岗岩。由于花岗岩原始岩浆沿构造裂隙上涌就位、冷凝、收缩时，形成了大量原生节理，距今6500万年的“喜马拉雅运动”，使花岗岩沿其原生节理面破裂成巨大岩块崩塌、会集于山谷内，后经风化侵蚀，磨去棱角，方成今日之景观。

【千年柳下堰塞湖】 Barrier Lake under One-thousand-year-old Willow

古柳荫下，登山道旁，参差错落的巨石环绕着一潭碧水。微风起处，碧波潋滟，石桥溪水，芦苇沙滩，秀丽的山色被湖光映衬得更加诱人。

千年柳下的碧潭，属于小型堰塞湖。堰塞湖的成因：河流两岸的山崩堆积及滞留的松散沉积物共同筑成天然堤坝，横阻河谷，使上游河段壅水成湖。

龙潭沟的诸多水潭，多属堰塞湖。它也是河水流经的“连河湖”。湖瀑相连、递次降低的梯式瀑布景观，似天公悬挂于“天池”下的串珠，堪称中原一绝。

【大龙潭畔话沧桑】The Great Changes on the Bank of the Great Dragon Pool

碧波荡漾的大龙潭，坐落在距今1亿年的花岗岩与距今5.43亿～4.50亿年海相火山沉积岩的侵入接触带上。接触带以北，是年轻且坚硬的花岗岩。接触带以南，是经历多次构造运动的变质岩。接触带本身，在花岗岩浆侵入前是构造裂隙带，虽经花岗岩浆充填，但岩浆冷凝后与变质的火山沉积岩之间仍是裂隙发育的软弱区，经龙潭河水的长期冲蚀，形成凹地，积水成潭。后因地壳抬升，龙潭河水溯源侵蚀，大龙潭上游出现陡崖，河水在崖顶裂点处下泻成瀑，造就出一瀑一潭的旖旎风光。

【花岗岩节理趣谈】About Granite Joints

节理是把岩石分割成具有一定几何形状的岩块的裂隙系统。即岩石中未发生位移的、实际的或潜在的破裂面。它通常是平面且相互平行的成组产出。

根据节理的成因、力学性质及其与成岩过程的关系，可将其划分为：构造节理和非构造节理；张节理和剪节理；原生节理和次生节理。

此处的花岗岩节理是花岗岩岩浆冷凝时经收缩而形成的原生节理，其产出的产状是两组近陡立、一组近水平，它们将花岗岩切割成巨大的岩块。这些岩块若失去支撑将会崩塌、滑落，游览时请注意安全。

【惟妙惟肖的“八戒窥浴”】

Pictographic Stone—Absolutely Lifelike “Pigsy Has A Peep at the Beauty Ladies Bathing”

形象绝妙的“八戒窥浴”吸引无数游客，美轮美奂的迷人景色为潭瀑风光增添无限情趣。

“八戒石”是与河床岩石同岁（距今1亿年）的花岗岩，被三组原生节理（1. 头部两侧，2. 头部上下，3. 拱嘴和后脑勺）切割成矩形体，在距今6500万年山体抬升时从山顶崩落，着地处断裂出“眼睑”，翻滚于溪旁，经过长年风化、冲蚀，成为惟妙惟肖的“八戒头”。这自然天成的神来之笔，给人世间留下许多神话传说。

【雄伟壮观的“四连瀑”】Magnificent " Four Linked Waterfall "

登临观瀑台，四连梯式瀑布群像一具蜿蜒蟠曲的蛟龙，腾越于青山翠谷中喷雾吐珠，挥洒祥云。气势磅礴的壮观和秀甲一方的旖旎，令人叹为观止。

湍急的龙潭河水从溯源侵蚀形成的花岗岩崖顶（裂点）急泻而下，跌水成瀑。若银河飞落的瀑布激流如注，淘蚀河床成潭（壶穴）。白龙、龙凤、黑龙、青龙四组瀑潭近等间距相连成串，既为地壳抬升留下确凿的见证，又是中原大地罕见、绝妙的流水地貌景观。

【“龙宫”的奥秘】The Secrets of " the Palace of the Dragon King "

九龙圣母潭与青龙潭之间的溪流西侧，碧水环绕的巨石下显现一眼深邃的洞穴，巨大的“龙宫”二字跃然石壁。顷刻间，探秘寻奥的欲望充满心怀。

神秘的“龙宫”是有1亿岁年龄的花岗岩巨块，在6500万年来的地壳抬升过程中崩塌于谷底棚架而成。它是游人编撰故事及传说的素材，也是游览中乘凉和小憩之场所。

【“金钵”的传说】The Legend of " Gold Earthen Bowl "

青龙瀑布的泄水处，一块巨石伟坐谷底，上宽顶平，下窄底圆，烈日下金光闪闪。据传，远古得道高僧，将装满斋饭的“金钵”放置谷中养育生灵，期盼山中万物，千秋兴旺。如今，龙潭沟中已成大龙、青龙、黑龙、白龙、双龙等九龙腾飞的年代。

“金钵”是1亿岁年龄的花岗岩，沿原生节理裂解后崩落于谷底经风化冲蚀而成。被青山绿水环抱的“金钵”和瀑似银帘、潭荡碧波的瀑潭风光将龙潭沟装扮成人间仙境。

【通向健康的“天生桥”】

" The Natural Bridge " Leading to the Health

清澈见底的龙潭河上，天公作美，架起一座平坦、别致的花岗岩石桥，人们称它为“天生桥”。

“天生桥”是山顶1亿岁年龄的花岗岩沿原生节理面裂解、崩落，棚架在河水之上的自然桥。上苍造化，献给世人这座通往健康的桥，常过此桥，您定会健康长寿。

【幽静的黑龙潭】Peaceful Black Dragon Pool

沿峡谷步道攀崖越壁、拾级而上，顿觉豁然开朗。黑龙潭的休憩平台和嬉水竹筏映入视线，吸引您稍事停留，以满足游乐的心愿。

黑龙潭属园区内较大的堰塞湖之一，是龙潭河水长期冲刷、淘蚀花岗岩横向节理组合集水而成的。该节理组合与河水流向正交，沿节理面的长期侵蚀作用，使翠林环抱的黑龙潭成纵窄横宽、幽静清澈的天然湖泊。

【白龙瀑布】White Dragon Waterfall

龙潭河水沿溯源侵蚀形成的崖顶裂点凌空而下，如银河飞泻，似擎天玉柱。跌水入潭，声绕峡谷，水面碧波涟漪，迷人景色，永难忘怀。

白龙瀑布、白龙潭的形成已数千万年，它是园区内规模较大的瀑、潭景点，瀑水高悬、潭水清澈，水中泛舟，更增添无限乐趣。

【双龙戏珠】Twin Dragons Playing with A Pearl

双龙潭处的花岗岩节理和裂隙以南北向为主。龙潭河水横灌节理、裂隙后，经长期冲刷、侵蚀，形成椭圆形深潭。潭两侧的花岗岩也被剥蚀成脊背微弯、绕潭盘卧的两条“蛟龙”。二龙首下的双龙潭深不见底，像湛蓝的宝珠熠熠闪光，登山俯视，呈现“双龙戏珠”的象形景观。

青山秀水的双龙戏珠景点，潭深崖峭、坡陡路险，望游客沿步道观赏，确保游览安全。

【别有洞天】A Place of Unique

距今6500万年前后，地球上发生了区域性的“喜马拉雅运动”。受其影响，伏牛山脉进一步抬升，并伴随产生诸多山体滑坡、崩塌等“地质灾害”。这些地质历史时期的“灾害”遗迹，历尽沧桑，如今在为龙潭沟之龙“点睛”，为秀甲一方的瀑潭风光锦上添花。

此处，自然与人工巧妙融合，在当年山体崩塌的花岗岩巨石下开辟登山步道，阡陌崎岖、蜿蜒起伏，如青山秀水间的地下长廊。可谓曲径通幽，别有洞天。

【水帘洞】Waterfall Curtained Cave

受构造挤压的花岗岩，产生一系列弧形延伸的次生节理，

长期的风化侵蚀作用，逐渐沿弧形节理面裂解、剥落，形成半圆形浅洞。河水顺洞顶斜坡均匀泻下，形成水帘、遮挡洞口，即成“水帘洞”。

“水帘洞”石与水、瀑及潭和谐相融，婉约清秀，临水顽石点点，临洞绿意浓浓，信步游览，赏心悦目。

【天池】Heavenly Pond

“天池”——龙潭沟的“四最”景点：景区最高的景点，落差最大的瀑布，面积最大的堰塞湖，唯一用“天梯”攀登的最陡的绝壁。

登临“天池”，置身于万山叠翠、云蒸霞蔚的白云蓝天下，游乐于峡深崖险、瀑高潭幽的青山绿水间，使人心旷神怡、流连忘返。

七、军马河景区 Junmahe Scenic Spot

4亿年前的“边缘海”遗迹——军马河蛇绿岩系

发源于老君山的长探河，自长探河村以下到汇入老鹳河的入口处，被称为军马河。此段河流穿越了伏牛山独有、保存良好、具极高科学价值的珍稀地质遗迹——距今6亿~4亿年间火山岛弧弧后边缘海环境沉积的蛇绿岩系。

军马河蛇绿岩系，主要由变质的基性（少量酸性）火山熔岩和火山沉积岩组成，其间完好地保存着海底火山喷发、溢流的结构构造，如熔岩枕状构造、熔岩空洞构造、熔岩饼、熔岩球、熔岩渣及火山角砾沉积、火山集块沉积、火山凝灰质沉积等丰富多彩的地质遗迹，为追溯边缘海沉积环境提供了极其有力的佐证。

军马河山清水秀、风光旖旎，不但是地学科研的宝地，也是旅游观光、摄影采风的理想之地。电影《张铁匠的罗曼史》的外景就是在这里拍摄的。

Marginal Sea Heritages of 400 Ma ago —Junmahe Ophiolite Series

The Changtanhe River rises in Mount Laojun, and one reach from Changtanhe village to the entrance into the Laoguan River is called the Junmahe River. The stream segment passes through the unique, well-preserved, rare geological heritages with the most high scientific value in the Funiu Mountains— ophiolite series depositing 600 ~ 400 million years ago in the back-arc marginal sea environment of volcanic island arc.

Junmahe ophiolite series is mainly composed of metamorphic basic (less acidic) volcanic lava and volcanic-sedimentary rocks, in which there are rich well-preserved texture-structure heritages of submarine volcanic eruption and effusion, such as lava pillow structure, lava cavern structure, driblet, volcanic ball, lava rag, and volcanic rubble deposits, volcanic agglomeration deposits, volcanic tuffaceous deposits etc. These precious heritages provide reliable evidence for tracing the sedimentary environment in the border sea.

The Junmahe River has the green hills and clear waters. The scenery here is enchanting. It is not only the treasured place for the geoscience research and the scientific popularization education, but also the ideal resort for tourism and landscape photography. The film *the Romance of Blacksmith Mr. Zhang* was shot just here.

【岩溶塌陷带】Ancient Karst Collapse Zone

军马河将军桥以北河段西侧构成俊秀山峰的鳞片状石墨大理石，是由古元古代（距今25亿～18亿年）浅海环境沉积的含炭碳酸盐岩石变质而成的。在漫长的地壳演化历程中，碳酸盐岩被大自然雕塑成千姿百态的岩溶地貌。

距今2.4亿～1亿年间，位处秦岭造山带逆冲推覆构造带上的岩溶地貌区被挤压、推覆，造就出大小不一、形态各异的大理石块体杂乱无章地堆积叠置，形成绵延数百公里的岩溶塌陷景观。

这里的岩溶塌陷带中，隐匿着数以千计的岩溶洞穴，已成为探寻、开发溶洞奇观的宝地。

【深部断裂遗迹——韧性变形带】Deep Fracture Heritage—Ductile Deformation Zone

韧性变形带又称剪切带或韧性断层，它是指由剪切变形或岩石塑性流动造成的强烈变形的线状地带，是出露于地表并被侵蚀的古老断裂的深部构造形迹。

此处，条带、条纹状大理岩形成复杂褶皱和大理岩中不同成分、不同大小的岩块，因差异性塑性流动而发生旋转等现象，是岩石受剪应力作用（温度和压力均很高）发生塑性流动的结果。

韧性变形带是珍稀的地质遗迹，具极高科学价值，敬请珍惜爱护。

【火山沉积岩中的塑性流变遗迹】Plastic Rheomorphism in Volcanic Sedimentary Rocks

塑性流变也称韧性变形，是指岩石在高温、高压的剪应力作用下产生塑性流动而形成的永久变形。

此处变质火山沉积岩（距今6亿～4亿年）中的塑性流变遗迹，位于朱阳关—夏馆断裂带北侧，是距今2.4亿～1亿年间华北与扬子古板块碰撞后的继承性汇聚时期，由推覆作用而产生的构造形迹。

塑性流变岩石中的“花纹”如龙飞凤舞，不但具极高科学价值，也具美学观赏性，更可以从中领略自然造化的神奇。

【枕状熔岩】Pillow Lava

枕状熔岩是海底火山熔岩流在水中迅速冷却，凝结成表层为玻璃质、内部具放射状构造、外形浑圆似枕，并相互叠置在一起的熔岩。

枕状熔岩是海底火山溢流的佐证。军马河区段发育的枕状熔岩，火山碎屑岩及火山沉积岩等，共同塑造了弧后边缘海的原生沉积环境。

枕状熔岩是珍贵地质遗迹，不可再生，损而皆无，敬请爱护。

【丰富多彩的火山岩结构构造遗迹】 Colorful Textures and Structures of Volcanic Rocks

军马河景区内，浅变质的基性火山熔岩和火山沉积岩中，保存着极为丰富的原生结构构造，其中熔岩的流动构造、流面构造、流线构造、流纹构造、枕状构造、气孔构造、杏仁状构造等举目可及，火山沉积岩中的火山集块结构、火山角砾结构、火山凝灰结构等标准易辨。珍贵的结构构造遗迹，为研究和恢复岩石成岩时期的沉积环境提供了确凿的证据。

岩石中丰富多彩的结构构造遗迹，是地壳演化历程中的阶段性记录，不但具有极高的科学价值，而且有一定的观赏性。当你捡起一块岩石，其上不仅有火山活动的遗迹，而且又有着4亿岁年龄，原生于海底时，你会爱不释手。

【流光溢彩的熔岩流】Shining and Colorful Lava Flow

火山熔岩自海底裂隙不断溢出，先流出的熔岩形成的岩枕被后来的熔岩的岩枕一个压一个地相叠在一起，构成密集的枕状熔岩带，这就是岩枕群体的形成过程。

军马河地区的枕状熔岩带，在区域推覆构造发生时期，由于顺层面的剪应力作用，使其沿枕体的长轴方向拉伸，形状似有序排列的“绿色鱼群”。

流光溢彩的枕状熔岩带，宏伟壮观，在蓝天碧水的映衬下熠熠生辉，犹如抽象派画家的艺术佳作，光彩夺目，意境无穷。

【放射虫硅质岩】Radiolarian Silica Rock

在浅绿、深绿色基性火山熔岩上部（临近灰白色中酸性火山熔岩）的火山沉积岩中，分布着多条深水环境沉积的硅质岩透镜体，其中发现有珍贵的放射虫和海绵骨针等古生物化石。

放射虫从寒武纪（距今5.43亿年）开始出现，营温暖大洋漂浮生活；海绵动物寒武纪以前已经出现，营底栖固着生活，从潮间带至水下4000米的深水中，从热带到寒带的水域，都有其生活的遗迹。这些化石的发现，为本区火山岩和火山沉积岩系的沉积环境和形成时代提供了重要佐证。

中原第一漂

八、云华蝙蝠洞景区 Yunhua Bat Cave Scenic Spot

中华奇观——云华蝙蝠洞

云华蝙蝠洞岩溶洞穴景区，山清水秀，森林茂密，风光旖旎，岩溶地貌发育。洞穴由距今4.9亿~4.1亿年的早古生代滨—浅海沉积的碎屑岩、碳酸盐岩等组成。洞穴的形成始于距今1.2亿年燕山运动时期，由于地壳不断抬升，岩层裂隙增多，淋滤溶蚀作用增强，历经亿万年的沧桑变迁，终成今日之奇观。

云华蝙蝠洞蜿蜒曲折、洞中有洞，高低错落、宽窄迥异，宛如地下迷宫。洞内的化学沉积物，形态各异，拟人拟神，若“神龟探海”、似“海狗观天”、如“雄狮倒挂”、像“玉女献花”，千姿百态、奇妙无比，仿佛进入亿万年前神奇的海底世界。更为奇妙的是洞壁原岩在地壳运动的高温高压下，发生塑性变形、褶皱弯曲，经后期溶蚀冲刷，形成线条明快、纹理清晰的天然岩画，“云蒸霞蔚、龙飞凤舞”，神来之笔、巧夺天工。进洞观赏，犹如步入神秘的艺术殿堂。

洞中栖息着7种数万只蝙蝠，白天在洞顶倒挂栖息，夜晚似离弦之箭“倾巢”出洞，掠空飞翔、姿态优美；黎明前，蝙蝠先在洞口盘旋，然后疾速进洞，比出洞情景更加绝妙。

洞内流水常年不断，时而成瀑，时而积潭，时而遁入暗河，只闻水声哗哗，不见水体踪影，更添一番情趣。

蝙蝠洞是集洞穴风光、洞中猎奇、生态览胜、消夏避暑为一体的自然生态风景区。

A Wonder in China —Yunhua Bat Cave

The karst cave scenic spot of Yunhua Bat Cave is characterized by the development of karst landforms, where there are green hills and clear waters, dense forests and enchanting scenes. The cave consists of the Early Paleozoic littoral-neritic clastic and carbonate rocks formed in the period of 490~410 million years ago. The cave began to form during Yanshanian Movement period of 120 million years ago. The Earth crust continuously uplifted, the fissures in layers increased, and the leaching-corrosion process strengthened. After great changes to the world in hundreds of millions of years, the wonder on earth has finally formed.

Wandering in picturesque disorder cave is just like entering an underground labyrinth. The chemical sediments in cave are the spitting images of living things in thousands of marvelous postures, such as "the God turtle explored the sea", "the sea dog watched the sky", "the hanged lion" and "the pretty girl presented flowers", which would make you vividly imagine the wizard sea floor world. The more wonderful thing is that under high pressures and temperatures of the crustal movement the plastic deformation and knee of a fold of the initial rocks on the cavern wall happened. After having been corroded and washed by underground streams for millions of years the vivid natural cliff paintings have been formed. Enter the cave as if you entered a mysterious art palace.

There are several tens of thousands of bats living in the cave. During daytime they hang conversely on the roof for sleep. At night they turn out in full force for preying on. Their flying posture is very graceful. At dawn the bats fly back and hover over the entrance of cave for a while and then swiftly enter the cave.

In the cave there is flowing water throughout the year. It sometimes forms a waterfall, comes into a pool one moment and flows into an underground stream the next. We can only hear the sound of running water, but we cannot see the trace of the water body. This adds more interests and more desire of knowledge.

Yunhua Bat Cave is a natural ecological scenic spot, which integrates the cave scenery, the hunt for novelty, the ecological scenic spots and the summer resort.

【云母石英片岩】Mica-quartz Schist

云母石英片岩是含云母、石英较多的具片状构造的变质岩石。该岩石由距今4.9亿～4.1亿年浅海沉积的粘土岩、粉砂岩经构造运动的温压效应变质而成。

依据云母石英片岩中发育有密集的膝折褶皱及平行的轴面劈理，可判断它变形时处在地壳运动的构造变形带上。

龙凤飞舞的膝折褶皱，给人们带来美的享受。

片状构造：岩石中片状矿物和柱状矿物呈连续的平行排列。

【观蝠台】Bat-watching Stand

观蝠台因游客常在此欣赏傍晚时分数万只蝙蝠倾巢出动、掠空嬉戏、黎明时疾速返巢的绝妙景观而得名。此景观国内绝无仅有，逢缘而遇，其壮观景象终生难忘。

构成观蝠台的岩石，是距今4.9亿～4.1亿年浅海沉积的碳酸盐岩受构造运动挤压而成为具塑性变形特征的大理岩。大理岩的主要成分是碳酸钙，碳酸钙在含有二氧化碳的水的作用下溶解为钙离子和重碳酸根离子而被水带走，产生大小不一的空洞，空洞逐渐扩大即成为溶洞。这也是蝙蝠洞形成的机理。

质纯的大理岩是烧石灰和生产水泥的原料。地质公园的景区属禁采区，要保持良好的自然生态。

【大理岩的塑性变形】Plastic Deformation of Marble

大理岩属可塑性较强的岩石。成层的大理岩在构造运动的高温高压下，可成为粘稠的流体或固流体而发生流变，像“面团”一样被揉搓成不规则的复杂褶皱，这种由简单到复杂的形态改变过程称塑性变形。

由于该大理岩在构造挤压带上，挤压时的剪切作用使大理岩流体中的固体岩块产生有规律的旋转。岩块的旋转指向，是判别构造剪切方向的佐证。

蝙蝠洞形成于塑性变形的大理岩中，岩石受冲刷、溶蚀后，显现出线条清晰流畅、形若龙飞凤舞的天然岩画。

【“龙虾戏水”】“Lobster Playing with Water”

“龙虾戏水”是在构造温压效应作用下，岩石产生的复杂褶皱，经溶蚀冲刷而裸露于岩石表面。神来之笔，天然岩画。

【“虾嬉”】"The Playing Shirimps"

“虾嬉”是岩石中不规则的方解石脉，经溶蚀后裸露于岩石表面的图案。自然天成，惟妙惟肖。

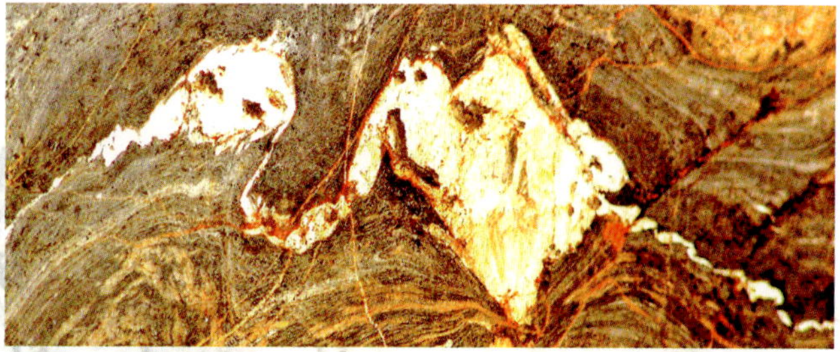

【蝙蝠进化之谜】The Profound Mystery of the Bat Evolution

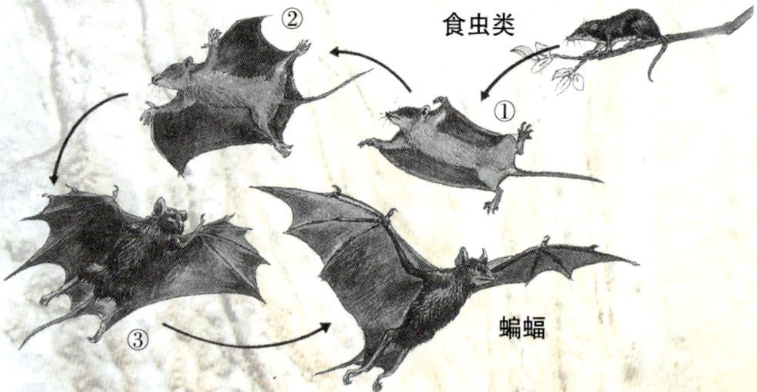

蝙蝠是哺乳动物纲兽亚纲翼手目中的一种动物，已发现1107种。一般认为蝙蝠是从似地鼠的食虫类进化而来。但其进化过程，至今仍是未解之谜，发现进化过程中的中间类型动物化石是关键。左下图①~③为中间类型动物的想象图。

【蝙蝠的生活习性和寿命】The Habit and Life of the Bat

蝙蝠喜欢群居，最多时巢中每平方米竟有3000只。它们群居的原因至今还是一个谜，最初以为蝙蝠挤在一起可提高栖息地的温度，而主要原因是营养不良的蝙蝠群居时能与健康蝙蝠分享食物，群居蝙蝠冬眠后，平均体重超过散居的蝙蝠。大量群居的小蝙蝠，当它们的妈妈出去捕食时，这些小蝙蝠聚集在一起可以互相保护，防御掠食者的攻击。

蝙蝠的寿命可达30岁。6~7岁成熟，成熟后，雌蝙蝠通常每年产一崽。

【蝙蝠是害虫的天敌】

The Bat—the Natural Enemy of Pests

蝙蝠分小蝙蝠亚目和大蝙蝠亚目。本洞内的蝙蝠属小蝙蝠亚目，眼睛很小，使用回声定位，不携带病毒，是蛾、甲虫、蚊子等许多农业、林业和威胁人类健康的害虫最重要的天敌，在自然生态系统中的作用相当重要，一只蝙蝠在一个活动的夜晚能吃掉自身体重一半左右的害虫，栖息于一个洞穴的几万只蝙蝠一年便能消灭几十吨害虫，是保持生态平衡的关键性动物类群。

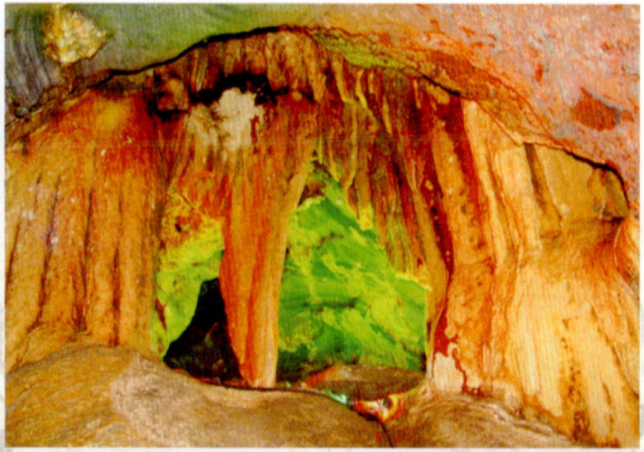

第三篇　科学研究历程

一、白垩纪地层（红层）和恐龙蛋等化石的研究 Study on Cretaceous red beds and fossils of dinosaur eggs etc.

(一)研究概况 Introduction

1. 1959～1961年，河南省地质局石油队，对豫西南一带的中新生代地层初步进行划分对比，为以后的研究奠定了基础。

2. 1974～1976年，河南省地质局第十二地质队，为普查盐碱矿产对豫西南的“红层”进行系统研究。首先在淅川盆地发现了恐龙蛋化石，接着在西峡、李官桥、五里川、夏馆—高丘等盆地也发现了恐龙蛋化石，建立了“红层”地层系统，公布了恐龙蛋化石名单。

3. 1994～1996年，河南省地矿厅成立以河南省地质科研所为主的专题组，对豫西南地区恐龙蛋化石作了专题研究，提交了《河南省晚白垩世恐龙蛋红色岩系的地质及古环境演变研究》报告，系统地阐明了该地区恐龙蛋化石的分类系统、地层层序、划分对比、沉积环境、古地理、古气候、古生态特征、恐龙生活方式和生态习性等，有些内容是国内外首次完成的研究成果。

4. 河南省地矿局区调队、地调四队系统作了1/5万区域地质调查，对盆地的形成、演化及区域构造格局提供了重要成果。

5. 河南省文物考古研究所、中国地质博物馆等也进行了短期的研究工作，其成果反映在《河南恐龙蛋化石群研究》和《河南西峡白垩纪蛋化石》的专著中。

6. 河南省国土资源科学研究院、中国科学院南京地质古生物研究所、中国地质博物馆、河南理工大学等单位，近年来在无脊椎动物化石和沉积环境研究方面取得了重要进展。

(二) 重要研究成果 Important research achievements

1. 王德有等，1994. 西峡盆地晚白垩世古气候初探。

2. 李酉兴等，1995. 河南西峡恐龙蛋一新属的发现。

3. 王德有等，1995. 西峡盆地新类型恐龙蛋化石的发现。

4. 程政武等，1995. 河南西峡盆地产恐龙蛋地层研究新进展。
5. 王德有等，1996. 河南西峡盆地晚白垩世古气候。
6. 王德有等，1996. 评“河南西峡盆地产恐龙蛋地层研究新进展”。
7. 周世全等，1996. 河南省恐龙蛋化石类型及古生态特征。
8. 朱光有，1997. 河南西峡盆地红层划分及沉积相研究。
9. 河南省文物管理局，1998. 河南恐龙蛋化石群研究。
10. 周世全等，1998. 河南西峡盆地恐龙蛋化石及略论恐龙绝灭问题。
11. 朱光有等，1998. 河南西峡恐龙蛋壳化石的研究。
12. 方晓思等，1998. 河南西峡白垩纪蛋化石。
13. 冯祖杰等，1999. 豫西南晚白垩世红层时代厘定及其意义。
14. 朱光有等，1999. 河南西峡晚白垩世恐龙蛋化石壳超高异常Sr的发现及其意义。
15. 周世全等，1999. 河南西峡盆地恐龙蛋化石及埋藏特征。
16. 朱光有等，2000. 河南西峡晚白垩世恐龙蛋化石壳碳同位素组成特征及其意义。
17. 王德有等，2000. 河南省恐龙蛋化石研究。
18. 周世全等，2001. 河南西峡盆地恐龙蛋化石的研究。
19. 周世全等，2001. 河南恐龙蛋化石组合类型及其地层时代意义。
20. 冯祖杰等，2002. 秦岭造山带东部含恐龙蛋化石盆地构造及其发展演化。
21. 张国成，2002. 河南西峡晚白垩世盆地的沉积演化。
22. 周世全等，2002. 河南恐龙蛋化石层位及其上、下界限问题。

23. 张国成等，2004. 河南西峡盆地上白垩统河流及湖泊沉积中的遗迹组构。

24. 张玉光等，2004. 河南西峡上白垩统恐龙蛋化石微量元素组成及古气候探讨。

25. 周世全等，2005. 中国南阳恐龙蛋。

26. 王德有等，2006. 河南西峡盆地含恐龙蛋地层中无脊椎动物化石的首次发现。

27. 陈金华等，2007. 河南西峡盆地晚白垩世含恐龙蛋地层中的双壳类。

28. 方晓思等，2007. 河南西峡白垩纪地层和蛋化石。

29. 方晓思等，2007. 豫西南—鄂西北一带恐龙蛋化石演化序列与环境变迁。

30. 潘华璋等，2007. 河南西峡盆地晚白垩世含恐龙蛋地层中的腹足类。

二、秦岭造山带的研究概况 Study on the Qinling Orogenic Belt

(一) 研究概况 Introduction

秦岭造山带是中国大陆的脊梁，在中国大陆形成和演化中占有突出地位。它经历了长期发展和演化，具有复杂的组成和结构，非为已有造山带模式所能完全概括。通过地质、地球化学、地球物理相结合的研究，证实其上层以东西向构造为主，中层为水平流变层，下层以现今近南北向的结构和状态为特征，呈现岩石圈最新调整的圈层结构为非耦合关系，现今岩石圈具有流变学分层的“立交桥”式三维结构几何学框架模型。在主造山期是通过扬子、秦岭、华北三板块和两个洋盆于新元古代至中三叠世依次向北自东而西斜向俯冲碰撞而形成，叠加中新生代陆内造山构造，并包容前寒武纪古构造，表现为典型复合型大陆造山带。造山带可分出三大构造演化阶段：1.前寒武纪两类基底形成阶段（$Ar \sim Pt_{2-3}$）；2.主造山期板块构造演化阶段（$Pt_3 \sim T_2$）；3.中新生代陆内演化阶段（$T_3 \sim Q$）。现今大陆岩石圈正处于新的调整状态，有新的裂解趋势。

(二) 考察和研究造山带的两院院士 Academician studying the Qinling Orogenic Belt

黄汲清，谢家荣，张文佑，孙　枢，任纪舜，张本仁，殷鸿福，许志琴，张国伟，贾承造等。

(三) 重要研究成果 Important research achievements

1. 黄汲清，1945. 中国主要地质构造单位。

2. 张文佑，1954. 秦岭构造—岩相带的初步认识。

3. 黄汲清等，1960. 中华人民共和国大地构造图（1∶300万）。

4. 谢家荣，1961. 中国大地构造问题。

5. 黄汲清，1974. 对中国大地构造若干特点的新认识。

6. 金守文，1976. 宽坪群和陶湾群的地层划分及时代问题。

7. 任纪舜等，1980. 中国大地构造及其演化。

8. 张秋生等，1980. 中国东秦岭变质地质。

9. 张思纯等，1982. 北秦岭早古生代放射虫硅质岩的发现与板块构造。

10. 符光宏，1982. 二郎坪群归属初析。

11. 符光宏等，1983. 河南东秦岭板块构造轮廓及矿产分布初析。

12. 符光宏，1983. 二郎坪蛇绿岩的特征及构造定位。

13. 符光宏等，1984. 东秦岭汤河—二郎坪—刘山崖—马畈蛇绿岩套。

14. 卢欣祥，1984. 东秦岭与蛇绿岩有关的M型花岗岩的地质地球化学。

15. 符光宏，1985. 东秦岭古板块俯冲杂岩带的地质及地球化学特征。

16. 符光宏，1986. 河南东秦岭构造演化的六个阶段。

17. 符光宏，1988. 北秦岭晚元古代—早古生代断陷带变质地层、构造演化与成矿关系。

18. 许志琴等，1988. 东秦岭复合山链的形成—变形、演化及板块动力学。

19. 贾承造等，1988. 东秦岭板块构造。

20. 张国伟，1988. 秦岭造山带的形成及其演化。

21. 胡受奚等，1988. 华北与华南古板块拼合带地质和成矿。

22. 刘文荣等，1989. 东秦岭二郎坪群。

23. 卢欣祥，1989. 东秦岭花岗岩。

24. 索书田等，1990. 河南省西峡—内乡北部元古界与古生界间的构造边界。

25. 钟增球等，1990. 豫西秦岭造山带核部韧性剪切带岩石学研究。

26. 高　山等，1990. 秦岭造山带及其邻区大陆地壳的结构与成分研究。

27. 高　山等，1990. 秦岭造山带元古宙陆内裂谷作用的沉积地球化学证据。

28. 杨巍然等，1991. 造山带结构与演化的现代理论和研究方法——东秦岭造山带剖析。

29. 游振东等，1991. 造山带核部杂岩变质过程与构造解析——以东秦岭为例。

30. 吴正文等，1991. 秦岭造山带的推覆构造格局。

31. 张寿广等，1991. 北秦岭宽坪群变质地质。

32. 孙　勇，1991. 东秦岭古洋盆与加里东运动。

33. 安三元等，1992. 北秦岭裂陷的形成与变质作用。

34. 程顺有等，1992. 秦岭造山带地壳上地幔构造研究。

35. 姜春发，1993. 中央造山带主要地质构造特征。

36. 李先梓等，1993. 秦岭—大别山花岗岩。

37. 刘国惠等，1993. 秦岭造山带主要变质岩群及变质演化。

38. 刘育燕等，1993. 华北、秦岭及扬子陆块的若干古地磁研究结果。

39. 符光宏等，1994. 河南省秦岭—大别造山带地质构造与成矿规律。

40. 张宗清等，1994. 北秦岭变质地层同位素年代研究。

41. 张国伟等，1995. 秦岭造山带主要构造岩石地层单元构造性质及其大地构造意义。

42. 张国伟等，1995. 秦岭造山带的结构与构造。

43. 王学仁等，1995. 河南西峡湾潭地区二郎坪群微体化石研究。

44. 周鼎武等，1995. 东秦岭商南松树沟元古宙蛇绿岩片的地质、地球化学特征。

45. 张国伟等，1996. 秦岭造山带的造山过程及其动力学特征。

46. 卢欣祥，1996. 秦岭造山带花岗岩及构造演化。

47. 张国伟等，1996. 秦岭造山带三维结构及其动力学分析。

48. 张国伟等，1996. 秦岭造山带造山过程和岩石圈三维结构图丛。

49. 许志琴等，1996. 大陆山链变形构造动力学。

50. 张本仁等, 1996. 东秦岭及邻区壳、幔地球化学分区和演化及其大地构造意义。

51. 董云鹏等，1996. 东秦岭松树沟蛇绿岩中地幔橄榄岩的结构构造特征及其流变学意义。

52. 金 昕等，1996. 东秦岭造山带岩石圈结构及断面模型。

53. 许志琴等，1997. 中国主要大陆山链韧性剪切及动力学。

54. 董云鹏等，1997. 东秦岭松树沟超镁铁质岩侵位机制及其构造演化。

55. 袁学诚，1997. 秦岭造山带地壳构造与楔入成山。

56. 孟庆任等，1997. 北秦岭南缘弧前盆地沉积作用及盆地发展。

57. 裴先治等，1997. 东秦岭商丹构造带的组成与构造演化。

58. 周文戈等，1999. 秦岭造山带碰撞及碰撞后侵入岩地球化学特征。

59. 卢欣祥，2000. 秦岭花岗岩大地构造图及说明书。

60. 张本仁，2001. 秦岭地幔柱源岩浆活动及其动力学意义。

61. 张国伟等，2001. 秦岭造山带与大陆动力学。

附录一：联合国教科文组织的地质公园计划

The Geopark Plan of United Nations Educational, Scientific and Cultural Organization

为了更好地保护地质遗迹、爱护我们生存的家园——地球，1991年6月13日在法国迪涅如召开的“第一届国际地质遗产保护学术会议”上，来自30多个国家的100多位代表共同签发了《国际地球记录保护宣言》，该宣言指出，地球的过去，其重要性决不亚于人类自身的历史，现在是保护珍贵的地质遗产的时候了。

联合国教科文组织于1999年2月，正式提出了“创建具独特地质特征的地质遗址全球网络，将重要地质环境作为各地区可持续发展战略不可分割的一部分予以保护”的地质公园计划，并创立了Geopark(Geological park)——地质公园这一名称。

联合国教科文组织常务委员会第156次会议（1999年4月15日，巴黎）提出创建世界地质公园计划。该计划是每年在全世界建立20个世界地质公园，全球共建500个，并建立全球地质遗迹保护网络体系。在过去数年中，许多成员国的地质机构和地质学家以及非政府组织对此计划表示了极大的关注。

附录二：中国的世界和国家地质公园名录 Name List of World and National Geoparks in China

世界地质公园 World Geoparks

第一批(2004年2月13日)

1. 中国黄山世界地质公园 Huangshan World Geopark, China,
2. 中国庐山世界地质公园 Lushan World Geopark, China,
3. 中国云台山世界地质公园 Yuntaishan World Geopark, China,
4. 中国云南石林世界地质公园 Stone Forest World Geopark, China,
5. 中国丹霞山世界地质公园 Danxiashan World Geopark, China,
6. 中国张家界世界地质公园 Zhangjiajie World Geopark, China,
7. 中国五大连池世界地质公园 Wudalianchi World Geopark, China,
8. 中国嵩山世界地质公园 Songshan World Geopark, China。

第二批(2005年2月11日)

1. 中国雁荡山世界地质公园 Yentang Mountain World Geopark, China,
2. 中国泰宁世界地质公园 Taining World Geopark, China,
3. 中国克什克腾世界地质公园 Keshiketeng World Geopark, China,
4. 中国兴文世界地质公园 Xingwen World Geopark, China。

第三批(2006年9月18日)

1. 中国泰山世界地质公园 Mount Tai World Geopark, China,

2. 中国王屋山－黛眉山世界地质公园 Mount Wangwu-Daimei World Geopark, China,

3. 中国雷琼世界地质公园 Leiqiong World Geopark, China,

4. 中国房山世界地质公园 Fangshan World Geopark, China,

5. 中国镜泊湖世界地质公园 Chingpo Lake World Geopark, China,

6. 中国伏牛山世界地质公园 Funiu Mountains World Geopark, China。

第四批(2008年1月17日)

1. 中国龙虎山世界地质公园 Longhushan World Geopark, China。

国家地质公园 National Geoparks

第一批(2001年3月)

1. 云南石林国家地质公园,
2. 湖南张家界砂岩峰林国家地质公园,
3. 河南嵩山国家地质公园,
4. 江西庐山国家地质公园,
5. 云南澄江动物群国家地质公园,
6. 黑龙江五大连池火山国家地质公园,
7. 四川自贡恐龙国家地质公园,
8. 福建漳州滨海火山国家地质公园,
9. 陕西翠华山山崩国家地质公园,
10. 四川龙门山国家地质公园,
11. 江西龙虎山国家地质公园。

第二批(2002年2月)

1. 安徽黄山国家地质公园,
2. 甘肃敦煌雅丹国家地质公园,
3. 内蒙古克什克腾国家地质公园,
4. 云南腾冲火山地热国家地质公园,
5. 广东丹霞山国家地质公园,
6. 四川海螺沟国家地质公园,
7. 山东山旺国家地质公园,
8. 天津蓟县国家地质公园,
9. 四川大渡河峡谷国家地质公园,
10. 福建大金湖国家地质公园,
11. 河南焦作云台山国家地质公园,
12. 甘肃刘家峡恐龙国家地质公园,
13. 黑龙江嘉荫恐龙国家地质公园,
14. 北京石花洞国家地质公园,
15. 浙江常山国家地质公园,
16. 河北涞源白石山国家地质公园,
17. 安徽齐云山国家地质公园,
18. 河北秦皇岛柳江国家地质公园,
19. 黄河壶口瀑布国家地质公园,
20. 广东湛江湖光岩国家地质公园,
21. 河北阜平天生桥国家地质公园,
22. 四川安县生物礁国家地质公园,
23. 山东枣庄熊耳山-抱犊崮国家地质公园,
24. 安徽浮山国家地质公园,

25．北京延庆硅化木国家地质公园，
26．河南内乡宝天曼国家地质公园，
27．浙江临海国家地质公园，
28．陕西洛川黄土国家地质公园，
29．西藏易贡国家地质公园，
30．安徽淮南八公山国家地质公园，
31．湖南郴州飞天山国家地质公园，
32．湖南崀山国家地质公园，
33．广西资源国家地质公园。

第三批(2004年1月)

1．河南王屋山国家地质公园，
2．四川九寨沟国家地质公园，
3．浙江雁荡山国家地质公园，
4．四川黄龙国家地质公园，
5．辽宁朝阳鸟化石国家地质公园，
6．广西百色乐业大石围天坑群国家地质公园，
7．河南西峡伏牛山国家地质公园，
8．贵州关岭化石群国家地质公园，
9．广西北海涠洲岛火山国家地质公园，
10．河南嵖岈山国家地质公园，
11．浙江新昌硅化木国家地质公园，
12．云南禄丰恐龙国家地质公园，
13．新疆布尔津喀纳斯湖国家地质公园，
14．福建晋江深沪湾国家地质公园，
15．云南玉龙黎明－老君山国家地质公园，
16．安徽祁门牯牛降国家地质公园，
17．甘肃景泰黄河石林国家地质公园，
18．北京十渡国家地质公园，
19．贵州兴义国家地质公园，
20．四川兴文石海国家地质公园，
21．重庆武隆岩溶国家地质公园，
22．内蒙古阿尔山国家地质公园，
23．福建福鼎太姥山国家地质公园，
24．青海尖扎坎布拉国家地质公园，
25．河北赞皇嶂石岩国家地质公园，
26．河北涞水野三坡国家地质公园，
27．甘肃平凉崆峒山国家地质公园，
28．新疆奇台硅化木－恐龙国家地质公园，
29．长江三峡国家地质公园，
30．海南海口石山火山群国家地质公园，
31．江苏苏州太湖西山国家地质公园，
32．宁夏西吉火石寨国家地质公园，
33．吉林靖宇火山矿泉群国家地质公园，
34．福建宁化天鹅洞群国家地质公园，
35．山东东营黄河三角洲国家地质公园，
36．贵州织金洞国家地质公园，
37．广东佛山西樵山国家地质公园，
38．贵州绥阳双河洞国家地质公园，
39．黑龙江伊春花岗岩石林国家地质公园，
40．重庆黔江小南海国家地质公园，
41．广东阳春凌宵岩国家地质公园。

第四批(2005年9月)

1．山东泰山国家地质公园，
2．云南大理苍山国家地质公园，
3．河南郑州黄河国家地质公园，
4．安徽天柱山国家地质公园，
5．黑龙江镜泊湖国家地质公园，
6．福建德化石牛山国家地质公园，
7．安徽大别山（六安）国家地质公园，
8．深圳大鹏半岛国家地质公园，
9．四川射洪硅化木国家地质公园，

10. 四川四姑娘山国家地质公园，
11. 福建屏南白水洋国家地质公园，
12. 广东封开国家地质公园，
13. 湖南凤凰国家地质公园，
14. 河南关山国家地质公园，
15. 河北临城国家地质公园，
16. 山东沂蒙山国家地质公园，
17. 江西三清山国家地质公园，
18. 福建永安国家地质公园，
19. 湖北神农架国家地质公园，
20. 青海久治年宝玉则国家地质公园，
21. 广西凤山岩溶国家地质公园，
22. 河南洛宁神灵寨国家地质公园，
23. 河北武安国家地质公园，
24. 新疆富蕴可可托海国家地质公园，
25. 河南洛阳黛眉山国家地质公园，
26. 陕西延川黄河蛇曲国家地质公园，
27. 青海格尔木昆仑山国家地质公园，
28. 四川华蓥山国家地质公园，
29. 山东长山列岛国家地质公园，
30. 贵州六盘水乌蒙山国家地质公园，
31. 青海互助嘉定国家地质公园，
32. 河南信阳金刚台国家地质公园，
33. 湖南古丈红石林国家地质公园，
34. 四川江油国家地质公园，
35. 山西五台山国家地质公园，
36. 江苏六合国家地质公园，
37. 内蒙古阿拉善沙漠国家地质公园，
38. 广西鹿寨香桥岩溶国家地质公园，
39. 江西武功山国家地质公园，
40. 大连滨海国家地质公园，
41. 湖南酒埠江国家地质公园，
42. 黑龙江兴凯湖国家地质公园，
43. 贵州平塘国家地质公园，
44. 西藏札达土林国家地质公园，
45. 辽宁本溪国家地质公园，
46. 重庆云阳龙缸国家地质公园，
47. 湖北武汉木兰山国家地质公园，
48. 山西壶关峡谷国家地质公园，
49. 山西宁武冰洞国家地质公园，
50. 广东恩平地热国家地质公园，
51. 湖北郧县恐龙蛋化石群国家地质公园，
52. 大连冰峪沟国家地质公园，
53. 上海崇明岛国家地质公园。